风电叶片等复合材料固废资源化利用产业发展报告（2022）

中国物资再生协会纤维复合材料再生分会　编

中国建材工业出版社

图书在版编目（CIP）数据

风电叶片等复合材料固废资源化利用产业发展报告 . 2022 / 中国物资再生协会纤维复合材料再生分会编 .-- 北京：中国建材工业出版社，2023.4

ISBN 978-7-5160-3730-0

Ⅰ . ①风⋯ Ⅱ . ①中⋯ Ⅲ . ①复合材料－固体废物－废物处理－环保产业－产业发展－研究报告－中国－2022 Ⅳ . ① X705 ② X324.2

中国国家版本馆 CIP 数据核字 (2023) 第 046893 号

风电叶片等复合材料固废资源化利用产业发展报告（2022）
FENGDIAN YEPIAN DENG FUHE CAILIAO GUFEI ZIYUANHUA LIYONG CHANYE FAZHAN BAOGAO（2022）
中国物资再生协会纤维复合材料再生分会　编

出版发行：中国建材工业出版社
地　　址：北京市海淀区三里河路 11 号
邮政编码：100831
经　　销：全国各地新华书店
印　　刷：北京印刷集团有限责任公司
开　　本：710mm×1000mm　1/16
印　　张：11.5
字　　数：190 千字
版　　次：2023 年 4 月第 1 版
印　　次：2023 年 4 月第 1 次
定　　价：598.00 元

本社网址：www.jccbs.com，微信公众号：zgjcgycbs
请选用正版图书，采购、销售盗版图书属违法行为

《风电叶片等复合材料固废资源化利用产业发展报告（2022）》

指导单位： 生态环境部固体废物与化学品管理技术中心

联合发布： 清华苏州环境创新研究院

中国农业机械工业协会风力机械分会

主编单位： 中国物资再生协会纤维复合材料再生分会

参编单位： 中国环保产业研究院

东方环能（北京）科技有限公司

主　　审： 朱建勋

联合主编： 许军祥　韦洪莲

执行主编： 张荣琪

副 主 编： 么　新　翟　滨　朱　雷

参编人员： 邓　毅　吕青源　王秀腾　林承桢　岳　波

竺新原　王　俊　白福岗　李　华　朱燕嵩

江永波　张国鹏　张　萱　陆　浩　邢　涛

陈秀琴　胡　桢　侯相林　段　晓　王洪荣

原　野　曹振涛　董万里　刘新兴　马海涛

前言
PREFACE

实现碳达峰碳中和，是贯彻新发展理念、构建新发展格局、推动高质量发展的内在要求，是党中央统筹国内国际两个大局作出的重大战略决策。在党中央确定好发展思路后，各行各业调整了能源发展结构，可再生能源将逐步替代不可再生的化石能源，实现可持续性发展。以风力发电和太阳能发电为代表的自然能源的发展得到了政策支持。由于风力发电机组的设计寿命一般为20年左右，因此很快将面临批量下线的问题，其中以风电叶片为代表的复合材料因其不可自然降解的特殊性，是整机零部件回收综合利用的难点。新能源发展是国家战略，但风电叶片的回收再利用成为阻碍新能源绿色发展的一个障碍。

复合材料的回收利用问题并非只在风电叶片中存在，实际上风电叶片的产废量只占复合材料产废量的7%，更多的复合材料应用已经遍布各个行业，实现复合材料固体废物的资源化利用尤为重要。而复合材料应用在其他领域产生的固体废物约占93%，其回收和资源化利用更为重要。复合材料因其不可自然降解的特性，被业内认为是“千年不腐、万年不化”的特殊材料，在过去几十年工业化进程中，已积累大量固体废物急需解决；而在今后的发展过程中复合材料固体废物的产生将会提速、增量，如何实现复合材料固体废物的资源化利用才是重中之重。

中国物资再生协会纤维复合材料再生分会于2018年成立，主要业务方向是风电叶片等复合材料固体废物回收技术、再生产品、综合利用产品的挖掘和推广以及引导产业发展模式、制定行业标准、提出政策建议等。我们经过多年的调研、技术挖掘、标准规范的研讨、商业模式的探索，形成了相对成熟的思想理论体系，目前正在逐步推动、引导风电叶片及其他复合材料回收综合利用产业向可持续方向发展。

本行业发展报告是在国家发展改革委环资司委托调研“十四五”期间即将退役的风电叶片固体废弃物（固废）相关工作的基础上，联合中国环保产业研究院、中国农业机械工业协会风力机械分会、吉林重通成飞新材料科技有限公司、江苏华纳环保科技有限公司、中车山东产业技术研究院及行业专家、学术带头人共同编制而成。报告基于大量的调研数据、技术发展中存在的问题及技术革新、行业企业发展思路探索、产业发展模式与现实市场情况的结合研讨等，经过认真仔细的分析，给出了风电叶片等复合材料固体废物回收综合利用产业相对科学、合理、可行的发展思路、产业模式以及产业布局建议；同时，报告重点分析了风机复合材料的分布及下线情况，给出了科学合理的商业模式和投资规划建议。

本行业发展报告是由中国物资再生协会纤维复合材料再生分会组织编写并发布。

注：本报告中“纤维复合材料”特指热固性纤维增强塑料，简称“复合材料”，所引用的数据均以热固性纤维增强塑料为基础。

编　者

2023 年 1 月

目 录

CONTENTS

1

政策标准篇

党的十八大以来，国家相继制定并适时修订了《中华人民共和国环境保护法》《中华人民共和国土壤污染防治法》《中华人民共和国固体废物污染环境防治法》等国家大法；其后，两高院颁布了《最高人民法院、最高人民检察院关于办理环境污染刑事案件适用法律若干问题的解释》。这些法律法规为对固体废物处理处置和治理工作提供了强大的法律保障与法律依据，有力地加大了对危险废物犯罪活动的治理和监管力度。

2020年9月22日，习近平主席在第七十五届联合国大会一般性辩论上宣布，中国二氧化碳排放力争于2030年前达到峰值，努力争取2060年前实现碳中和。实现碳达峰、碳中和，是贯彻新发展理念、构建新发展格局、推动高质量发展的内在要求，是党中央统筹国内国际两个大局作出的重大战略决策。碳达峰、碳中和是党中央重大战略决策部署，风、光等自然能源是不可替代的减碳领域。国家能源结构的调整是最主要的措施，逐步减少化石能源的比例，提高以风能、太阳能等为代表的自然清洁能源比例，在实现碳中和的目标任务中具有不可替代的作用。

《中华人民共和国国民经济和社会发展第十四个五年规划和2035年远景目标纲要》明确了发展循环经济以及固体废物资源综合利用的产业发展方向。在此基础上，国家先后出台了大量的政策和法规，以支持大宗固体以及废旧物资的资源化利用产业的高质量、规模化、低碳发展。

1.1 法律法规

《中华人民共和国固体废物污染环境防治法》（以下简称《固废法》）发布时

间为1995年10月30日，第八届全国人民代表大会常务委员会第十六次会议通过，2020年4月29日第十三届全国人民代表大会常务委员会第十七次会议第二次修订。《固废法》中提出了一般工业固体废物的收集、运输、处置、贮存等各方面的要求，提出了对一般工业固体废物处置过程可追溯、可查询的要求；并提出了违反法律所要承担的责任，各处置链条上企业的连带责任以及处罚的金额和刑事责任等。本书就相关内容进行摘录，供大家学习。

“第十三条　县级以上人民政府应当将固体废物污染环境防治工作纳入国民经济和社会发展规划、生态环境保护规划，并采取有效措施减少固体废物的产生量、促进固体废物的综合利用、降低固体废物的危害性，最大限度降低固体废物填埋量。

第十四条　国务院标准化主管部门应当会同国务院发展改革、工业和信息化、生态环境、农业农村等主管部门，制定固体废物综合利用标准。

第十九条　收集、贮存、运输、利用、处置固体废物的单位和其他生产经营者，应当加强对相关设施、设备和场所的管理和维护，保证其正常运行和使用。

第二十条　产生、收集、贮存、运输、利用、处置固体废物的单位和其他生产经营者，应当采取防扬散、防流失、防渗漏或者其他防止污染环境的措施，不得擅自倾倒、堆放、丢弃、遗撒固体废物。

第二十一条　在生态保护红线区域、永久基本农田集中区域和其他需要特别保护的区域内，禁止建设工业固体废物、危险废物集中贮存、利用、处置的设施、场所和生活垃圾填埋场。

第二十二条　转移固体废物出省、自治区、直辖市行政区域贮存、处置的，应当向固体废物移出地的省、自治区、直辖市人民政府生态环境主管部门提出申请。移出地的省、自治区、直辖市人民政府生态环境主管部门应当及时商经接受地的省、自治区、直辖市人民政府生态环境主管部门同意后，在规定期限内批准转移该固体废物出省、自治区、直辖市行政区域。未经批准的，不得转移。

转移固体废物出省、自治区、直辖市行政区域利用的，应当报固体废物移出地的省、自治区、直辖市人民政府生态环境主管部门备案。移出地的省、自治区、直辖市人民政府生态环境主管部门应当将备案信息通报接受地的省、自治区、直辖市人民政府生态环境主管部门。

第四十条　产生工业固体废物的单位应当根据经济、技术条件对工业固体废物加以利用；对暂时不利用或者不能利用的，应当按照国务院生态环境等主管部门的规定建设贮存设施、场所，安全分类存放，或者采取无害化处置措施。贮存工业固体废物应当采取符合国家环境保护标准的防护措施。

建设工业固体废物贮存、处置的设施、场所，应当符合国家环境保护标准。

第六十七条　国家对废弃电器电子产品等实行多渠道回收和集中处理制度。

禁止将废弃机动车船等交由不符合规定条件的企业或者个人回收、拆解。

拆解、利用、处置废弃电器电子产品、废弃机动车船等，应当遵守有关法律法规的规定，采取防止污染环境的措施。

第九十六条　国家鼓励和支持社会力量参与固体废物污染环境防治工作，并按照国家有关规定给予政策扶持。

第九十七条　国家发展绿色金融，鼓励金融机构加大对固体废物污染环境防治项目的信贷投放。

第九十八条　从事固体废物综合利用等固体废物污染环境防治工作的，依照法律、行政法规的规定，享受税收优惠。

国家鼓励并提倡社会各界为防治固体废物污染环境捐赠财产，并依照法律、行政法规的规定，给予税收优惠。

第九十九条　收集、贮存、运输、利用、处置危险废物的单位，应当按照国家有关规定，投保环境污染责任保险。

第一百二十条　违反本法规定，有下列行为之一，尚不构成犯罪的，由公安机关对法定代表人、主要负责人、直接负责的主管人员和其他责任人员处十日以上十五日以下的拘留；情节较轻的，处五日以上十日以下的拘留：

（一）擅自倾倒、堆放、丢弃、遗撒固体废物，造成严重后果的；

（二）在生态保护红线区域、永久基本农田集中区域和其他需要特别保护的区域内，建设工业固体废物、危险废物集中贮存、利用、处置的设施、场所和生活垃圾填埋场的；

（三）将危险废物提供或者委托给无许可证的单位或者其他生产经营者堆放、利用、处置的；

（四）无许可证或者未按照许可证规定从事收集、贮存、利用、处置危险废物经营活动的；

（五）未经批准擅自转移危险废物的；

（六）未采取防范措施，造成危险废物扬散、流失、渗漏或者其他严重后果的。”

在《固废法》的基础上，生态环境部组织开展相关工作，制定了《一般工业固体废物管理台账制定指南（试行）》，于 2021 年 12 月 30 日起实施。其明确了产废企业应该对一般工业固体废物建立台账，便于可追溯、可查询的实现。

1.2 政策规划

1.2.1 《关于加快推动工业资源综合利用实施方案》

《关于加快推动工业资源综合利用实施方案》明确提到“推动废旧光伏组件、风电叶片等新兴固废综合利用技术研发及产业化应用，加大综合利用成套技术设备研发推广力度，探索新兴固废综合利用技术路线。”

1.2.2 《国家发展改革委等部门关于加快废旧物资循环利用体系建设的指导意见》

《国家发展改革委等部门关于加快废旧物资循环利用体系建设的指导意见》（发改环资〔2022〕109 号）于 2022 年 1 月 17 日发布。政策明确针对完善废旧物资回收网络，提出要合理布局废旧物资回收站点、加强废旧物资分拣中心规范建设、推动废旧物资回收专业化、提升废旧物资回收行业信息化水平 4 项工作。同时明确要以问题为导向，着力解决目前生活端居民遇到的一些突出问题，如强调要因地制宜规划建设废旧家具等大件垃圾规范回收处理站点。提出要分类推进综合型和专业型分拣中心建设，综合型分拣中心要强化安全检测、分拣、打包、存储等处置功能，专业型分拣中心要强化分选、剪切、破碎、清洗、打包、存储等处置功能，做到“专业的人干专业的事”。

依托现有国家“城市矿产”示范基地、资源循环利用基地、工业资源综合利用基地，统筹规划布局再生资源加工利用基地和区域交易中心，推动再生资源产业集聚化发展。要加大先进再生资源加工利用技术装备推广应用力度，推动现有再生资源加工利用项目提质改造，开展技术升级和设备更新，提高机械化、信息化和智能化水平，提高再生资源加工利用技术水平。要精准施策，实施废钢铁、废有色金属、废塑料、废纸、废旧轮胎、废旧纺织品、废旧手机、废旧动力电池等废旧物资回收加工利用行业规范管理，加强再生资源加工利用行业监督管理。

相关内容摘录如下：

“合理布局废旧物资回收站点。以便利居民交售废旧物资为原则，结合城市、农村不同特点，合理布局回收交投点和中转站。因地制宜规划建设废旧家具等大件垃圾规范回收处理站点。深入推进生活垃圾分类网点与废旧物资回收网点‘两网融合’。提升站点运营管理水平，鼓励标准化、规范化、连锁化经营，确保整洁卫生和消防安全。支持回收企业采用自建、承租、承包等方式运营废旧物资回收站点，提升全品类回收功能，形成扎根社区、服务居民的基础网络。支持龙头企业通过连锁经营、特许加盟、兼并合作等方式，整合中小企业和个体经营户，提高废旧物资回收管理效率，扩大回收网络覆盖面。（商务部、住房和城乡建设部、农业农村部、自然资源部按职责分工负责）

（五）加强废旧物资分拣中心规范建设。合理布局分拣中心，因地制宜新建和改造提升绿色分拣中心，落实环境保护、安全生产、产品质量、劳动保护等要求。分类推进综合型分拣中心和专业型分拣中心建设。综合型分拣中心要强化安全检测、分拣、打包、存储等处置功能，为生活源、商业源再生资源和生活垃圾分类后可回收物利用提供保障。专业型分拣中心要强化分选、剪切、破碎、清洗、打包、存储等处置功能。（商务部、住房和城乡建设部、自然资源部、生态环境部按职责分工负责）

（六）推动废旧物资回收专业化。鼓励各地区采取特许经营等方式，授权专业化企业开展废旧物资回收业务，实行规模化、规范化运营。引导回收企业按照下游再生原料、再生产品相关标准要求，提升废旧物资回收环节预处理能力。培育多元化回收主体，鼓励各类市场主体积极参与废旧物资回收体系建设；鼓励回收企业与物业企业、环卫单位、利用企业等单位建立长效合作机制，畅通回收利用渠道，形成规范有序的回收利用产业链条；鼓励钢铁、有色金属、造纸、纺织、玻璃、家电等生产企业发展回收、加工、利用一体化模式。（商务部、自然资源部、

国家发展改革委、住房和城乡建设部、工业和信息化部、生态环境部按职责分工负责）

三、提升再生资源加工利用水平

（八）推动再生资源加工利用产业集聚化发展。依托现有“城市矿产”示范基地、资源循环利用基地、工业资源综合利用基地，统筹规划布局再生资源加工利用基地和区域交易中心，做好用地、水电气等要素保障，推进环境、能源等基础设施共建共享，促进再生资源产业集聚发展，推动再生资源规模化、规范化、清洁化利用。鼓励京津冀、长三角、珠三角、成渝、中原、兰西等重点城市群建设区域性再生资源加工利用产业基地。完善再生资源类固体废物跨地区运输备案机制，提升再生资源跨区转运效率。（国家发展改革委、工业和信息化部、自然资源部、住房和城乡建设部、生态环境部、商务部按职责分工负责）

（九）提高再生资源加工利用技术水平。加大再生资源先进加工利用技术装备推广应用力度，推动现有再生资源加工利用项目提质改造，开展技术升级和设备更新，提高机械化、信息化和智能化水平。支持企业加强技术装备研发，在精细拆解、复合材料高效解离、有价金属清洁提取、再制造等领域，突破一批共性关键技术和大型成套装备。（国家发展改革委、科技部、工业和信息化部按职责分工负责）”

1.2.3 《关于加快推进城镇环境基础设施建设指导意见》

由国务院办公厅转发国家发展改革委等部门《关于加快推进城镇环境基础设施建设指导意见》（国办函〔2022〕7号）于2022年1月12日发布。意见中提出强调工业园区工业固体废物处置及综合利用设施建设，强化建筑垃圾精细化分类及资源化利用，着重健全区域性再生资源回收利用体系，针对新兴产业固体废物，对退役光伏组件和风电机组叶片等相关废弃物的处置和利用进行了前瞻性部署，同时提出开展100个大宗固体废弃物综合利用示范。

相关内容摘录如下：

“持续推进固体废物处置设施建设。推进工业园区工业固体废物处置及综合利用设施建设，提升处置及综合利用能力。加强建筑垃圾精细化分类及资源化利用，提高建筑垃圾资源化再生利用产品质量，扩大使用范围，规范建筑垃圾收集、贮存、运输、利用、处置行为。健全区域性再生资源回收利用体系，推进废钢铁、废有色金属、报废机动车、**退役光伏组件和风电机组叶片**、废旧家电、废旧电池、废旧轮胎、废旧木制品、废旧纺织品、废塑料、废纸、废玻璃等废弃物分类利用和集中处置。开展100个大宗固体废弃物综合利用示范。”

1.2.4 《风电场改造升级和退役管理办法》

2021年12月1日，为规范风电场改造升级和退役管理工作，推动风电产业高质量发展，国家能源局组织有关单位研究起草了《风电场改造升级和退役管理办法》（以下简称《管理办法》），目前已结束向社会征求意见。《管理办法》中，在前期征求意见稿中明确提出了“以大换小”的管理办法，这将加快风电机组的下线速度和下线量增速。《管理办法》中提出“开发企业依法做好风电机组叶片、发电机、主轴承、齿轮箱、塔架，升压站电气设备和场内电缆等风电场改造升级和退役项目废旧物资的循环利用工作。”以及“国务院能源主管部门组织相关标准化技术委员会，会同发展改革、工业和信息化等标准制定部门推动风电场改造升级和退役项目拆除及废旧物资循环利用和处置相关标准和规范的制定工作，引导产业发展，规范废旧物资利用和处置。”这为风电机组零部件的循环利用、资源化提出了方向；为风电机组拆除和废旧物资循环利用和处置提出了规范和标准制定的要求。

1.2.5 《关于加快推动工业资源综合利用的实施方案》

2022年2月10日，工业和信息化部、发展改革委等八部门联合印发《关于加快推动工业资源综合利用的实施方案》（以下简称《方案》）。《方案》中提出推动废旧光伏组件、风电叶片等新兴固废综合利用技术研发及产业化应用，加大综合利用成套技术设备研发推广力度，探索新型固废综合利用技术路线。

相关内容摘录如下：

“到2025年，钢铁、有色、化工等重点行业工业固废产生强度下降，大宗工业固废的综合利用水平显著提升，再生资源行业持续健康发展，工业资源综合利用效率明显提升。力争大宗工业固废综合利用率达到57%，其中，冶炼渣达到73%，工业副产石膏达到73%，赤泥综合利用水平有效提高。主要再生资源品种利用量超过4.8亿吨，其中废钢铁3.2亿吨，废有色金属2000万吨，废纸6000万吨。工业资源综合利用法规政策标准体系日益完善，技术装备水平显著提升，产业集中度和协同发展能力大幅提高，努力构建创新驱动的规模化与高值化并行、产业循环链接明显增强、协同耦合活力显著激发的工业资源综合利用产业生态。”

《方案》提出在工业固废综合利用提质增效工程方面，探索新兴固废综合利用路径。研究制定船舶安全与环境无害化循环利用方案，加强船舶设计、建造、配套、检验、营运以及维修、改造、拆解、利用等全生命周期管理，促进相关企业与机构信息共享，促进船舶废旧材料再生利用。推动废旧光伏组件、风电叶片等新兴固废综合利用技术研发及产业化应用，加大综合利用成套技术设备研发和推广力度，探索新兴固废综合利用技术路线。

1.2.6 《高耗能行业重点领域节能降碳改造升级实施指南（2022年版）》

2022年2月11日，国家发展改革委、工业和信息化部、生态环境部、国家能源局联合印发《高耗能行业重点领域节能降碳改造升级实施指南（2022年版）》，指出加强固体废物综合利用和公辅设施改造，提高生产工艺和技术装备绿色化水平，提升资源能源利用效率，促进形成强大国内市场。

1.2.7 《减污降碳协同增效实施方案》

2022年6月13日，生态环境部等七部门联合印发《减污降碳协同增效实施方案》（以下简称《方案》），《方案》中提出推进退役动力电池、光伏组件、风电机组叶片等新型废弃物回收利用。

相关内容摘录如下：

“到2025年，减污降碳协同推进的工作格局基本形成；重点区域、重点领域结构优化调整和绿色低碳发展取得明显成效；形成一批可复制、可推广的典型经验；减污降碳协同度有效提升。到2030年，减污降碳协同能力显著提升，助力实现碳达峰目标；大气污染防治重点区域碳达峰与空气质量改善协同推进取得显著成效；水、土壤、固体废物等污染防治领域协同治理水平显著提高。”

《方案》指出要推进固体废物污染防治协同控制。强化资源回收和综合利用，加强“无废城市”建设。推动煤矸石、粉煤灰、尾矿、冶炼渣等工业固废资源利用或替代建材生产原料，到 2025 年，新增大宗固废综合利用率达到 60%，存量大宗固废有序减少。推进退役动力电池、光伏组件、风电机组叶片等新型废弃物回收利用。加强生活垃圾减量化、资源化和无害化处理，大力推进垃圾分类，优化生活垃圾处理处置方式，加强可回收物和厨余垃圾资源化利用，持续推进生活垃圾焚烧处理能力建设。减少有机垃圾填埋，加强生活垃圾填埋场垃圾渗滤液、恶臭和温室气体协同控制，推动垃圾填埋场填埋气收集和利用设施建设。因地制宜稳步推进生物质能多元化开发利用。禁止持久性有机污染物和添汞产品的非法生产，从源头减少含有毒有害化学物质的固体废物产生。

1.2.8 《建立健全碳达峰碳中和标准计量体系实施方案》

为贯彻落实《中共中央 国务院关于完整准确全面贯彻新发展理念做好碳达峰碳中和工作的意见》和《2030 年前碳达峰行动方案》有关部署，2022 年 10 月 28 日，市场监管总局、国家发展改革委、工业和信息化部、自然资源部、生态环境部、住房城乡建设部、交通运输部、中国气象局、国家林草局九部门联合发布《建立健全碳达峰碳中和标准计量体系实施方案》(以下简称《实施方案》)。《实施方案》提出要健全非化石能源技术标准。围绕风电和光伏发电全产业链条，开展关键装备和系统的设计、制造、维护、废弃后回收利用等标准制修订。建立覆盖制、储、输、用等各环节的氢能标准体系，加快完善海洋能、地热能、核能、生物质能、水力发电等标准体系，推进多能互补、综合能源服务等标准的研制。

非化石能源技术重点标准：在风力发电方面开展大容量海上风力发电机组及关键零部件技术要求和检测标准研究。加快海上风力发电机组漂浮式、固定式基础标准研究。推进风电机组主要设备修复、改造、延寿标准研究。开展风电场智能运维检修、运行技术标准研究。研究制定风能设备回收再利用、风资源和发电量评估等风力发电检验标准。

《实施方案》还提出，加强资源循环利用标准制修订。健全资源循环利用标准体系，加快循环经济相关标准研制。围绕园区循环化改造，推进能量梯级利用、水资源综合利用、废弃物综合利用、产业循环链接等标准制修订。健全清洁生产、再生资源回收利用、大宗固废综合利用标准。

1.3 “十四五”规划意见

1.3.1 《中华人民共和国国民经济和社会发展第十四个五年规划和2035年远景目标纲要》

2021年10月29日，中国共产党第十九届中央委员会第五次全体会议审议通过了《中共中央关于制定国民经济和社会发展第十四个五年规划和2035年远景目标的建议》（以下简称“十四五”规划）。“十四五”规划中指出，全面推行循环经济理念，构建多层次资源高效循环利用体系。深入推进园区循环化改造，补齐和延伸产业链，推进能源资源梯级利用、废物循环利用和污染物集中处置。加强大宗固体废弃物综合利用，规范发展再制造产业。加强废旧物品回收设施规划建设，完善城市废旧物品回收分拣体系。推行生产企业“逆向回收”等模式，建立健全线上线下融合、流向可控的资源回收体系。拓展生产者责任延伸制度覆盖范围。推进快递包装减量化、标准化、循环化。

1.3.2 《“十四五”循环经济发展规划》

《国家发展改革委关于印发〈“十四五”循环经济发展规划〉的通知》（发改环资〔2021〕969号）于2021年7月1日发布。

相关内容摘录如下：

“城市废旧物资循环利用体系建设工程。以直辖市、省会城市、计划单列市及人口较多的城市为重点，选择约60个城市开展废旧物资循环利用体系建设。统筹布局城市废旧物资回收交投点、中转站、分拣中心建设。在社区、商超、学校、办公场所等设置回收交投点，推广智能回收终端。合理布局中转站，建设功能健全、设施完备、符合安全环保要求的综合型和专业型分拣中心。统筹规划建设再生资源加工利用基地，推进废钢铁、废有色金属、报废机动车、退役光伏组件和风电机组叶片、废旧家电、废旧电池、废旧轮胎、废旧木制品、废旧纺织品、废塑料、废纸、废玻璃、厨余垃圾等城市废弃物分类利用和集中处置，引导再生资源加工利用项目集聚发展。鼓励京津冀、长三角、珠三角、成渝等重点城市群建设区域性再生资源加工利用基地。

园区循环化发展工程。制定各地区循环化发展园区清单，按照“一园一策”原则逐个制定循环化改造方案。组织园区企业实施清洁生产改造。积极利用余热余压资源，推行热电联产、分布式能源及光伏储能一体化系统应用，推动能源梯级利用。建设园区污水集中收集处理及回用设施，加强污水处理和循环再利用。加强园区产业循环链接，促进企业废物资源综合利用。建设园区公共信息服务平台，加强园区物质流管理。具备条件的省级以上园区2025年底前全部实施循环化改造。

大宗固废综合利用示范工程。推广大宗固废综合利用先进技术、装备，实施具有示范作用的重点项目，大力推广使用资源综合利用产品，建设50个大宗固废综合利用基地和50个工业资源综合利用基地。

循环经济关键技术与装备创新工程。深入实施循环经济关键技术与装备重点专项。围绕典型产品生态设计、重点行业清洁生产、大宗固废综合利用、再生资源高质循环、高端装备再制造等领域，突破一批绿色循环关键共性技术及重大装备；在京津冀、长三角、珠三角等区域，开展循环经济绿色技术体系集成示范，推动形成政产学研用一体化的科技成果转化模式。

再制造产业高质量发展行动。壮大再制造产业规模，引导形成10个左右再制造产业集聚区，培育一批再制造领军企业，实现再制造产业产值达到2000亿元。

废弃电器电子产品回收利用提质行动。强化科技创新，鼓励新技术、新工艺、新设备的推广应用，支持规范拆解企业工艺设备提质改造，推进智能化与精细化拆解，促进高值化利用。”

1.3.3 《“十四五”时期“无废城市”建设工作方案》

《“十四五”时期“无废城市”建设工作方案》（环固体〔2021〕114号）于2021年12月15日由生态环境部等部门发布。对加强各环节体系建设，提出固体废物一体化协同治理解决方案概念，明确无废城市建设主要指标体系。

相关内容摘录如下：

“加强制度、技术、市场和监管体系建设，全面提升保障能力。建立健全固体废物环境管理制度体系。深化固体废物分级分类管理、生产者责任延伸、跨区域处置生态补偿等制度创新，提升综合管理效能。建立健全固体废物环境管理技术标准体系。加快固体废物源头减量、资源化利用和无害化处置技术推广应用，加大领域绿色低碳技术攻关，加强固体废物利用处置技术模式创新。探索废气、废水、固体废物一体化协同治理解决方案。积极引领和参与固体废物相关标准制定，完善固体废物污染控制技术标准与资源化产品标准，推动上下游产业间标准衔接。

为指导城市做好“无废城市”建设工作，推动城市大幅度减少固体废物产生量,促进固体废物综合利用,降低固体废物危害性,最大限度降低固体废物填埋量，稳步提升固体废物治理体系和治理能力,制定《“无废城市”建设指标体系（2021年版）》”。

1.3.4 《“十四五”生态保护监管规划》

为深入贯彻习近平生态文明思想，全面落实党中央、国务院“十四五”生态环境保护总体决策部署，深入推进“十四五”全国生态保护监管工作，2022年3月1日，生态环境部编制发布了《“十四五”生态保护监管规划》（以下简称《规划》）。《规划》提出以改善生态环境质量为核心，推进生态保护与污染治理协同增效。大力推进生态保护监管重点区域的一体化保护修复治理，加强生态保护修复工程实施成效监督评估，提高生态保护修复质量。贯通生态保护监管与污染防治监管，以减污降碳协同增效提升生态保护综合监管能力，加大对环境污染导致的生态破坏等问题的督促整改，提升区域整体生态环境质量。

1.3.5 《“十四五”能源领域科技创新规划》

2021年11月29日国家能源局、科学技术部印发《“十四五”能源领域科技创新规划》（国能发科技〔2021〕58号）。该规划明确了“十四五”期间，针对能源领域产生的新兴产业固废推动研发回收处理技术、处理装备，并规范新兴产业固废回收处理标准，形成示范试验区，推动能源行业新兴产业固废减量化、资源化、高值化发展。2025年，完成退役风电机组关键技术示范，转入推广应用。

相关内容摘录如下：

“开展退役风电机组整机回收与再利用工艺研究，重点突破叶片低成本破碎、有机材料高温裂解、玻纤以及巴莎木循环再利用等技术，构建环境友好、资源节约的风电机组退役技术标准体系。”

“2025 年，完成退役风电机组关键技术示范，转入推广应用光伏组件回收处理与再利用技术，研发基于物理法和化学法的晶硅光伏组件低成本绿色拆解、高价值组分高效环保分离技术装备，开发新材料及新结构组件的环保处理技术和实验平台，高效回收和再利用退役光伏组件中银、铜等高价值组分。”

1.3.6 《“十四五”现代能源体系规划》

2022 年 1 月 29 日国家发展改革委、国家能源局印发《“十四五”现代能源体系规划》（发改能源〔2022〕210 号）。规划中提出大力发展非化石能源，加快发展风电、太阳能发电。全面推进风电和太阳能发电大规模开发和高质量发展，优先就地就近开发利用，加快负荷中心及周边地区分散式风电和分布式光伏建设，推广应用低风速风电技术。同时指出未来风光电主要发展区域；并对光电进入园区融入建筑作出重要指导。

相关内容摘录如下：

“加快发展风电、太阳能发电。全面推进风电和太阳能发电大规模开发和高质量发展，优先就地就近开发利用，加快负荷中心及周边地区分散式风电和分布式光伏建设，推广应用低风速风电技术。在风能和太阳能资源禀赋较好、建设条件优越、具备持续整装开发条件、符合区域生态环境保护等要求的地区，有序推进风电和光伏发电集中式开发，加快推进以沙漠、戈壁、荒漠地区为重点的大型风电光伏基地项目建设，积极推进黄河上游、新疆、冀北等多能互补清洁能源基地建设。积极推动工业园区、经济开发区等屋顶光伏开发利用，推广光伏发电与建筑一体化应用。

积极推进东部和中部等地区分散式风电和分布式光伏建设，优化推进新疆、青海、甘肃、内蒙古、宁夏、陕北、晋北、冀北、辽宁、吉林、黑龙江等地区陆上风电和光伏发电基地化开发，重点建设广东、福建、浙江、江苏、山东等海上风电基地。”

1.3.7 《“十四五”生态环境领域科技创新专项规划》

《“十四五”生态环境领域科技创新专项规划》（国科发社〔2022〕238 号）由科技部、生态环境部、住房城乡建设部、气象局、林草局印发；发布时间为 2022 年 9 月 19 日。规划明确支持固废减量与资源化利用领域相关技术创新，加快技术研发进度。它包括固废风险智能感知与数字化管控技术、典型产品生态设计与绿色过程调控技术、工业固废协同利用与产业循环链接技术、废旧物资智能解离装备与高值循环利用技术、生活垃圾及医疗废物高效分类利用技术及装备、固废资源化技术集成与综合示范。

相关内容摘录如下：

“（五）固废减量与资源化利用。

2. 典型产品生态设计与绿色过程调控技术。

针对塑料包装、汽车等重点产品，研究全生命周期生态设计与评价方法，突破可降解塑料高效制备等关键技术，开发可降解塑料降解产物分析检测技术，研发固废资源化产品及原生产品的碳标签评价基准方法。

4. 废旧物资智能解离装备与高值循环利用技术。

开发手机、平板电脑、家电等废旧集成产品智能拆解装备与高值利用技术，以及废旧高铁机车、飞机、风电机组等重型装备关键零部件智能拆解与再制造核心装备；攻克耐蚀炉衬、烟气净化等关键材料，突破废旧复合材料高效解离装备及有价金属清洁提取技术；研发城市低值可回收物的高值化回收利用技术、废旧高分子材料精细分选装备及高效解聚再造技术，以及原料深度提纯装备与高值循环技术。

6. 固废资源化技术集成与综合示范。

突破城市群多源垃圾集约化利用、城市 / 工业危废园区化利用等产城融合协同处置与多场景匹配集成技术；研发新能源、新材料等产业集聚区多源固废源头减量—过程控制—高端利用全链条综合利用集成技术；开发应急、生态环境修复、海洋等特殊场景固废快速减容—闭合循环技术及集成系统；建立重点区域集成示范，形成绿色低碳循环集成技术体系。”

1.4 专项行动

1.4.1 《打击固体废物环境违法行为专项行动》

2018 年，为进一步贯彻落实习近平总书记重要讲话精神，确保长江生态环境安全，生态环境部组织开展了“打击固体废物环境违法行为专项行动”（简称“清废行动 2018”），加大对固体废物及危险废物的处置管理问题的督查和问责力度。通过对长江经济带 11 省（市）2796 个固体废物堆存点位进行现场摸排核实，共发现 1308 个问题，其中对 108 个问题进行部级挂牌督办整改，对涉及危险废物环境违法问题及时依法立案查处，发挥了强烈的震撼作用。

1.4.2 《2030 年前碳达峰行动方案》

2021 年 10 月 24 日，《国务院关于印发〈2030 年前碳达峰行动方案〉的通知》（国发〔2021〕23 号）中明确指出，2030 年前，加大风光电大规模开发和能源体系建设，加快海上风场技术攻关，鼓励扩大海上风电建设规模。同时加强光伏发电分散型多元化布局。

推进产业园区循环化发展，加强循环技术嵌入园区发挥作用，通过源头和废物处理末端形成降碳循环化改造。

相关内容摘录如下：

“大力发展新能源。全面推进风电、太阳能发电大规模开发和高质量发展，坚持集中式与分布式并举，加快建设风电和光伏发电基地。加快智能光伏产业创新升级和特色应用，创新“光伏 +”模式，推进光伏发电多元布局。坚持陆海并重，推动风电协调快速发展，完善海上风电产业链，鼓励建设海上风电基地。积极发展太阳能光热发电，推动建立光热发电与光伏发电、风电互补调节的风光热综合可再生能源发电基地。因地制宜发展生物质发电、生物质能清洁供暖和生物天然气。探索深化地热能以及波浪能、潮流能、温差能等海洋新能源开发利用。进一步完善可再生能源电力消纳保障机制。到 2030 年，风电、太阳能发电总装机容量达到12亿千瓦以上。

推进产业园区循环化发展。以提升资源产出率和循环利用率为目标，优化园区空间布局，开展园区循环化改造。推动园区企业循环式生产、产业循环式组合，组织企业实施清洁生产改造，促进废物综合利用、能量梯级利用、水资源循环利用，推进工业余压余热、废气废液废渣资源化利用，积极推广集中供气供热。搭建基础设施和公共服务共享平台，加强园区物质流管理。到2030年，省级以上重点产业园区全部实施循环化改造。”

1.5 行业标准体系建设

行业标准建设应该系统设计，分阶段分步骤开展建设活动。行业标准的规划设计应站在纤维复合材料固体废物回收资源化利用全产业链以及国家法律法规的要求、“十四五”规划以及产业政策发展的要求下系统设计。因此，中国物资再生协会按照“纵向设计和发展、横向联合开发”的原则进行标准体系建设和设计。

叶片等复合材料固体废物回收，不仅涉及下线叶片等应用领域中退役复合材料固体废物，同时涉及生产制造过程产生的边角废料固体废物。在复合材料产品结构中及生产制造过程中还夹杂着塑料类、泡沫、木材、金属材料等其他固体废物；同时，不同基体树脂的复合材料其对回收技术条件要求不同（如环氧树脂、聚氨酯、不饱和聚酯树脂基复合材料在化学降解中降解液配方不同、降解产物也不同；不同树脂基体在热降解中其分解的温度不同，分解产物不同）。因此，复合材料固体废物精准分类非常关键。建立叶片等复合材料固体废物回收体系系列标准非常必要且关键。以下是正在建设的关于叶片等复合材料固体废物回收再利用的基础标准。

（1）《纤维复合材料固体废物分类管理指南》为行业标准，作为指导性文件已经完成报批稿，正在发布阶段。

（2）《废弃纤维复合材料固体废物回收技术规范》为行业标准，正在制定过程中。

（3）《风力发电机用复合材料回收技术规范》以团体标准的形式正在组织制

定中。

（4）《无机纤维及制品固体废物分类管理细则》为行业标准，作为指导性文件正在制定中。

在综合利用产品产业化后，再生产品规范标准、CCER 方法论核算标准也需要逐步建立。

2

复合材料产业篇

2.1 复合材料产业发展现状

复合材料行业在《国民经济行业分类》（GB/T 4754—2017）中的代码为3062；碳纤维制品分类代码为3091，列入非金属矿制品业，大类属于建筑材料领域。

我国复合材料发展自从1958年成立的玻璃钢小组研制成功第一块玻璃钢以来，历经60余载。目前我国复合材料的产量已经跃居全球第一。产业规模超过了2000亿元/年；带动上游材料（玻纤、树脂）产业5000亿元/年左右的销售额，并逐年增长。复合材料作为新材料，因其轻质高强、耐腐蚀、绝缘等特性，以及可设计性强、可成形异构体、大型制品等特点，广泛地应用到国民经济的各个领域。为航空航天、军工武器、交通运输、电子电器、电力绝缘、化工防腐、新能源产业、市政工程、体育用品、园林景观、建筑材料及制品等支柱产业提供了强有力的支撑。

其中，风力发电机叶片、PCB板（电子线路板）、汽车用复合材料覆盖件、高铁用复合材料内饰、化工防腐、绝缘材料、游乐及体育用品等产业领域应用优势明显。

2.1.1 复合材料产量

据不完全统计，我国在册的复合材料相关企业接近1万家。通过国家统计局对复合材料行业规模以上企业（422家）的产量统计，中国复合材料工业协会（原中国玻璃钢工业协会）提供的历年可考数据显示，截至2020年年底，我国热固性复合材料累计产量已经超过了4164.89万t（图2-1）。

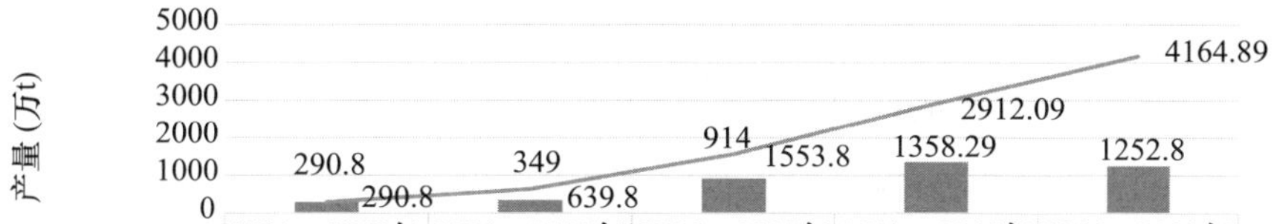

	1981—2000年	2001—2005年	2006—2010年	2011—2015年	2016—2020年
五年产量(万t)	290.8	349	914	1358.29	1252.8
累计产量(万t)	290.8	639.8	1553.8	2912.09	4164.89

年限

图 2–1　热固性复合材料产量图

注：以上数据为中国复合材料工业协会历年累计统计数据（规模以上企业数据）。

然而，根据中国合成树脂协会不饱和聚酯树脂分会的 UP 树脂（不饱和聚酯树脂）以及环氧树脂协会在纤维增强领域树脂用量的统计，2020 年全国热固性复合材料产量修正值应为预测值 945 万 t。2021 年受国际环境和新冠肺炎疫情的影响，不饱和聚酯树脂类热固性复合材料产量下降 11%，产量约为 546 万 t；环氧类复合材料约 180 万 t、酚醛类复合材料约 88 万 t、聚氨酯类复合材料约 2 万 t。2021 年热固性复合材料总产量约 816 万 t。2021 年热固性复合材料年销售额超过 2100 亿元。

我国复合材料产量的测算以前均以国家统计局的相关基础数据为依据。然而，从 1995 年后，我国复合材料民营企业如雨后春笋般突飞猛进地发展，销售收入超过 2000 万元的民营企业增长迅速，而大部分企业并未在国家统计局的统计范围内；特别是新兴产业领域的复合材料企业并未纳入复合材料行业的统计范畴，如汽车零部件企业、电力复合材料企业、高铁复合材料企业等，因此我国复合材料实际产量难以分类精准统计，特别是历史累计产量更难以精准测算。保守估计我国累计复合材料产量超过 9000 万 t。近两年随着互联网以及自动化智能化的发展，复合材料的原材料用量以及不同工艺的分布量越来越准确，因此，可以更为准确地通过原材料在不同工艺领域的用量，开展相对准确的统计工作。

2.1.2　不同树脂基复合材料产量测算

根据不饱和聚酯树脂、环氧树脂、酚醛树脂、聚氨酯树脂等不同类型热固性基体树脂在纤维增强复合材料领域中产量，可以测算出不同基体树脂复合材料的产量。2021 年不饱和聚酯树脂在纤维复合材料领域产量为 159 万 t，占热固性树脂总产量的 63%；环氧树脂产量 63.84 万 t，占比 26%；酚醛树脂产量 28 万 t，占比 11%；因聚氨酯树脂在纤维增强领域中用量少，统计中予以忽略，如图 2-2 所示。

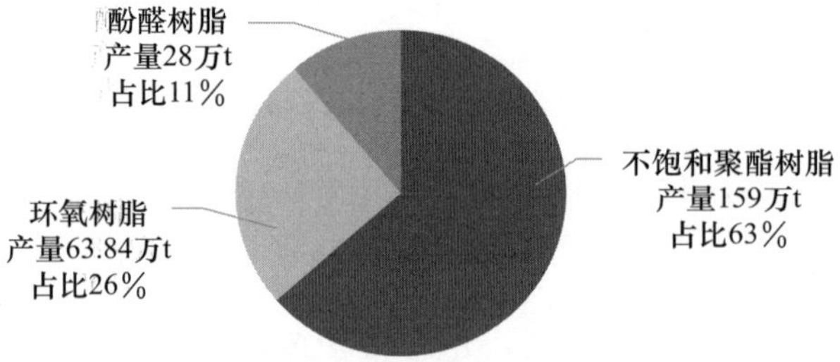

图 2–2　2021 年热固性树脂在复合材料领域的产量及占比

热固性复合材料产量及占比情况：不饱和聚酯树脂基复合材料产量达 546 万 t，占热固性复合材料总量 66.91%；环氧树脂基复合材料产量 180 万 t，占比 22.06%；酚醛树脂基复合材料产量 88 万 t，占比 10.78%；聚氨酯复合材料产量 2 万 t，占比 0.25%，如图 2-3 所示。

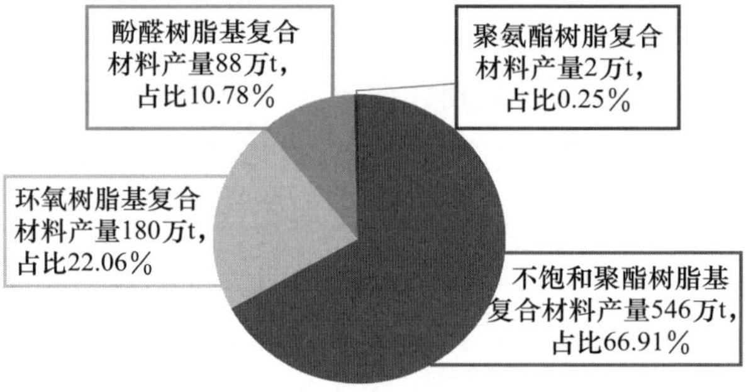

图 2–3　2021 年热固性复合材料产量及占比

不饱和聚酯树脂产品类型有模压（SMC/BMC）产品，主要用于汽车覆盖件、发动机油底壳及缸盖罩、动车 / 高铁内饰、整体卫浴、电表箱壳体、饮用 / 消防水箱、化粪池 / 净化槽、绝缘子、防眩板以及各种批量较大的壳体类产品；还有拉挤型材、拉挤管、拉挤缠绕以及编制拉挤管；批量不大的手糊类各种产品和真空辅助类大型产品；缠绕类管道、罐体等。不饱和聚酯类产品因其价格相对较低、工艺适应性强、环境条件适应性强、产品扩展性强等特点，其材料用量较大，超过了环氧树脂、酚醛树脂等总和，达到了总量的67%。[说明：乙烯基酯树脂是一种特殊类的树脂。乙烯基酯树脂的分子骨架是环氧树脂，乙烯基酯树脂是由双酚型或酚醛型环氧树脂与甲基丙烯酸反应得到的一类变性环氧树脂，通常被称为乙烯基酯树脂（VE），别名环氧丙烯酸树脂，为热固性树脂。乙烯基酯树脂秉承了环氧树脂的优良特性，固化性和成型性方面更为出色，能溶解于苯乙烯以及丙烯酸系单体，由于兼具环氧和不饱和的优点，其具有良好的耐腐蚀性，广泛地应用于耐腐蚀领域，通常将乙烯基酯树脂划归到不饱和聚酯树脂范畴。]

环氧树脂因其有稳定的环氧键，具有优异的热稳定性、高机械性能和耐腐蚀、绝缘等功能特性，环氧基复合材料广泛地应用到航空航天、绝缘及有高性能要求的产品领域。如高性能的航空航天产品、绝缘子、绝缘棒材及型材、PCB板、碳纤维制品、风力发电机叶片等。因其性能优异、价格高昂、工艺条件苛刻等特点，应用领域受限。但随着近年来新型环氧树脂的不断开发，其工艺适应性越来越强，逐步拓展了其应用领域。环氧树脂基复合材料在风力发电机用叶片的用量，2021年约68万t；PCB板约102万t，其他绝缘类、高性能类产品应用量相对较少，总量约10万t。

酚醛树脂具有耐高温性、高残碳率、良好的黏结性、低烟低毒、耐化学性以及可发泡等优异性能，酚醛树酯基复合材料广泛用于耐烧蚀、摩擦高温、电器绝缘、隔热保温、防腐等领域。酚醛树脂成型工艺条件相对苛刻，复合材料领域一般需要制造预浸料，然后成型，因此应用领域较窄。酚醛树脂基复合材料总量是根据主要酚醛树脂企业在增强材料领域应用树脂量推算而来，2021年酚醛复合材料年产量约88万t，需要进一步建立统计体系，以便精准测试复合材料产量。

聚氨酯广泛地应用于油漆、硬泡、软泡、纤维、弹性体等领域，近年来聚氨酯复合材料的应用得到了推广，其优良的耐候性、绝缘性、耐磨性、尺寸稳定性，主要应用在拉挤工艺电力绝缘支架、光伏支架边框等方面。聚氨酯树脂的力学性能和环氧树脂相当，但其耐疲劳性、韧性、固化收缩性能和阻尼性能等重要指标优于环氧树脂，应用领域不断扩展，风力发电机用聚氨酯复合材料叶片上的应用得到了推广。科思创与时代新材合作开发的聚氨酯叶片已经超过 1000 支，聚氨酯风机叶片已遍布中国的多个商业风场。聚氨酯光伏边框也已经成为沿海、渔光互补等需要防腐特性的项目中替代铝合金的重要材料。随着应用场景的不断扩展，聚氨酯复合材料在未来的几年中将有突飞猛进的发展。聚氨酯复合材料 2021 年产量约 2 万 t。

2.1.3 不同工艺热固性复合材料产量占比

热固性树脂基复合材料的成型工艺主要有：模压工艺（SMC/BMC）、缠绕工艺、拉挤工艺、机制板材工艺以及其他工艺（包括手糊和真空辅助灌注工艺）。2021 年热固性复合材料模压工艺产量比例为 45%；拉挤工艺占比 23%；缠绕工艺占比 9%；机制板材工艺占比 11%；其他工艺占比 12%，如图 2-4 所示。

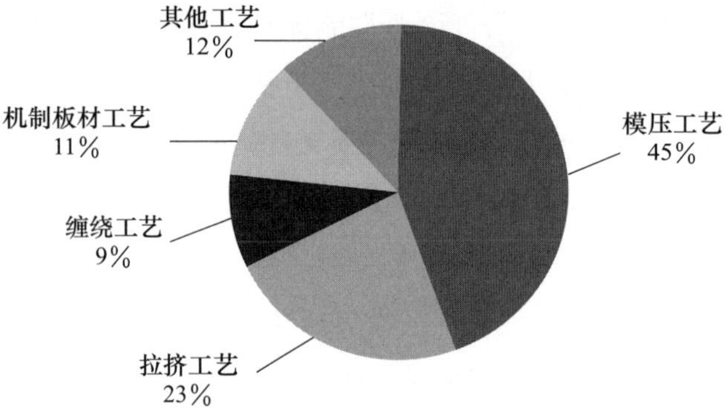

图 2-4　不同工艺 2021 年热固性复合材料产量占比

2.1.4 各省复合材料产量分布

图 2-5 反映了 2020—2021 年我国部分省（市）复合材料产量分布以及增长率的情况。其中，江苏省是我国复合材料产业第一大省，其 2021 年产量较 2020 年有所下降；复合材料产业第二大省是广东省，其 2021 年产量较 2020 年有所增长。山东省和福建省复合材料产量为第三和第四位，安徽省近几年复合材料产业

增长较快；河北省、河南省作为复合材料产业北方基地，近几年由于同质化竞争激烈，产业萎缩严重。总体分布，华北地区复合材料产业集中，长三角江浙一带复合材料高质量发展迅速，珠三角复合材料出口产业占有半壁江山。

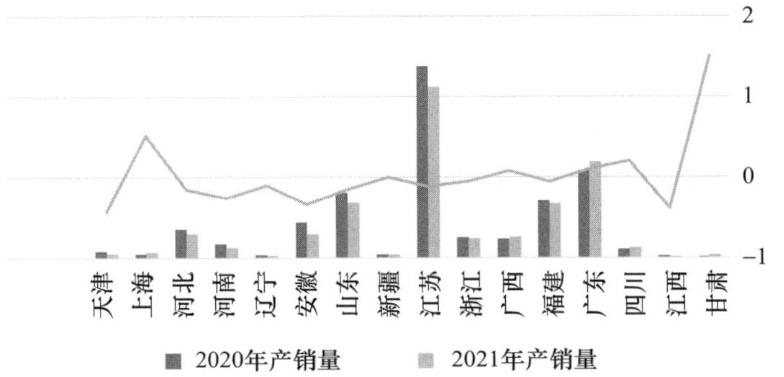

图 2–5 2020—2021 年部分省（市）复合材料产量分布及增长趋势

我国复合材料产业发展之初，主要围绕早期几个研究所（院）为轴心，随着社会经济的发展逐步向周边扩展，形成了早期的几个复合材料产业基地。以北京玻璃钢研究院为基础发展的北方几个产业基地有：河北枣强、山东武城、河南沁阳。以江苏常州 253 厂及南京玻纤院为中心的有江苏武进、常州、江阴等。还有早期的广东番禺地区以做手糊玻璃钢游乐设施壳体为主。随后，逐渐扩展到周边各地，形成了现在以江苏省、广东省、山东省、福建省、河北省、安徽省等为主的产业局面。随着各个产业领域对复合材料的认识越来越深刻，复合材料产业发展逐步走向了以用户地域为主的辅助产业投资发展模式，降低了运输成本，提高了复合材料企业与用户的黏性。由此，复合材料产业在全国遍地开花。

2.2 复合材料产废情况

复合材料产废领域分为两大类：复合材料制品制造业产生的边角废料和报废产品以及应用领域产生的退役产品。

2.2.1 复合材料制造业领域产废情况

复合材料制造领域的产废率与工艺技术密不可分。不同的工艺技术产业其产废率和产废量各有不同；同时，各个不同工艺技术产废性质不同，边角废料的树脂含量和纤维含量不同，对应的回收技术及综合利用方向将会不同。不同基体树脂复合材料及不同工艺技术产废量如下（产废仅仅包含纤维、固化树脂及纤维复合材料，不包含其他材料废料）。

不饱和聚酯树脂类工艺技术包含：模压工艺、拉挤工艺、缠绕工艺、机制板材及其他工艺。产废量测试分别如下：

模压工艺（SMC/BMC）：边角废料及报废产品树脂含量少（18%）、纤维含量少（20%～30%）、碳酸钙多（50%～60%）；年产固废约 8 万 t。

拉挤工艺：边角废料及报废产品树脂含量低（30%），纤维含量高（70%）；年产固废约 4 万 t。

缠绕工艺：边角废料及报废产品树脂含量高（45%），年产固废超过 2 万 t。

机制板材：边角废料及报废产品树脂含量高（50%），年产固废 2 万 t 以内。

其他工艺：边角废料及报废产品树脂含量按 50% 计，年产固废 3 万 t 左右。

环氧、酚醛类：年产固废约 8 万 t。

由此测算，每年制造业产生的边角废料及报废产品约 30 万 t。

我国复合材料制造业大省有江苏省、广东省、山东省、安徽省、河北省、河南省等。其中，江苏省每年边角废料产量超过 8 万 t；广东省超过 6 万 t；山东省、安徽省、河北省各 3 万 t 左右。

2.2.2 应用领域退役产品产废情况

复合材料制品应用到各个领域，每类产品的使用寿命不同，其退役年限有所不同。例如，电子电器类的淘汰率较高，手机和小电子产品的寿命期为 3～5 年；汽车复合材料覆盖件寿命期为 5～8 年；风机用复合材料寿命期为 20 年；其他工程类户外产品为 10～30 年不等；管道类设计寿命为 50 年等。

根据 1981 年以来我国复合材料产量以及产业发展过程产品应用领域扩展繁衍情况，初步推算 2021 年前服役期满报废产品超过 400 万 t，到 2030 年将超过 3000 万 t。

2.3 复合材料固体废物回收市场现状

复合材料具有不熔不溶、难以自然降解的特性，业内号称“千年不腐、万年不化”。虽然早在20世纪80年代就有专家、企业开始立项研究，但截至2015年仍未有回收产业技术落地。截至2020年年底亦未实现产业化示范。

2018年前，复合材料固体废物的处置以填埋为主，大部分企业合法合规运送到正规的填埋场，还有部分企业违法违规私自填埋或者焚烧。

2.3.1 现阶段复合材料固体废物回收处置情况

2020年，新《固废法》发布后，法律提出一般工业固体废物的填埋要求，复合材料固体废物将不能填埋。但因没有高值化的回收技术落地，没有高值化综合利用产品开发，导致复合材料制造业企业边角废料等无法处置。其间，应运而生的回收企业以个体和民营企业为主，利用当地人脉和地域资源，通过电厂焚烧的方式进行处置。该方法一直延续至今。

部分民营企业自2018年开始投资建设以机械粉碎法为主的回收处理装备，并将回收的再生粉末和再生纤维应用到建材制品、复合材料产品添加等方向。但因回收设备技术不成熟、效率低，再生纤维品质无法满足下游产品应用要求，以及粉尘排放严重、噪声污染严重等原因，无法实现持续发展。

2021年后，我国部分民营企业和国有企业经过多年的研究和不断实践，终于实现了机械粉碎设备的高效、环保的产业化生产线以及综合利用生产线；热裂解的生产线也实现了产业化回收利用，对于复合材料固体废物的回收和综合利用产业化奠定了基础。但是，由于机械粉碎企业成本较焚烧发电的回收成本高，在固体废物收集方面处于竞争弱势地位，难以收集到批量复合材料固体废物，因此，至今没有形成产业化集中处置中心。

2.3.2 纤维复合材料回收市场存在的问题

1）产废领域复杂、收集困难。

复合材料固体废物产废主要领域：制造业边角废料及报废产品（约30万t/年）、

应用领域退役产品（截至 2021 年年底测算累计超过 400 万 t，且年增长率超过 10%）。

应用领域退役产品分两种情况：集中产业领域（如风电叶片、电子线路板、汽车拆解、高铁内饰、电力绝缘等）、分散产业领域（如市政工程、供水排水、化工防腐、食品药品、体育用品、游乐设施等）。集中产业领域产废容易集中收集，实现产业化回收较为容易；分散产业领域产废量和地域分散，难以集中收集。

2）以民营企业焚烧为主，造成可再生资源浪费。

新《固废法》出台后，由于每个产废单位（特别是制造业产废）产废量少，且并未对固体废物进行分类，各地方固废集中收集处置单位尚未建立，因此，各地产废单位几乎都将复合材料固体废物交给发电厂进行焚烧处置。

进行固体废物回收的企业以民营、个体为主，因为没有处理资质，其作用仅为固体废物的转移。因其焚烧成本较低，竞争激烈，致使处理费用逐步降低。虽然为产废单位降低了处理成本，却阻碍了资源化综合利用产业发展（资源化综合利用需要一定的装备以及处理成本）。

电厂焚烧虽然可以节约一定的燃煤，但是由于复合材料中的有机物导致碳排增加；焚烧还因为复合材料能量密度小、能量含量不均匀、玻璃纤维熔化后黏附炉膛等因素导致 VOC 排放不达标及存在安全隐患。最重要的是，将部分可再生的资源进行焚烧，造成很大的浪费。

3）非法处置固废造成环境污染，缺乏监管。

现阶段无论是复合材料制造业固废还是应用领域固废，由于没有监管，都存在环境污染的隐患。例如，对风电叶片的回收，大多数企业都是分割后交给发电厂焚烧处理；也有部分民营企业将叶片回收后，根据农村需要进行分割，然后售卖给相应的农户做棚、架等，但由于未能从缺乏批量、没有规范，缺乏系统性、发展性等方面考虑，实则是对风电叶片等固体废物的“变向抛弃”。

其他复合材料制品应用领域在产品（化工领域固废多为危废）更新换代时，将报废产品的回收作为招投标的基础条件，而投标单位并无回收资质和能力，会出现非法处置现象。

复合材料固体废物是由高分子树脂和玻璃纤维、碳纤维等组成，具有极高的资源再利用的价值。然而，由于纤维复合材料产业规模小，作为新兴产业固废，并未引起高度重视，更缺失监管。

4）回收技术及高值化综合利用技术仍需研究。

复合材料由高分子材料树脂和玻璃纤维、碳纤维等组成，均是不可再生的石化能源资源和非金属矿物资源。积极研发降解技术，回收高分子材料和纤维材料，是实现化石能源、矿物资源节约的必由之路。

根据纤维复合材料制品的特点以及回收技术发展路径，开展阶段性梯次利用是资源化、高值化必须经历的过程。这样可实现多次经济效益增长和多次碳减排过程，为负碳目标的实现贡献力量。

复合材料固体废物梯次利用流程图如图 2-6 所示。

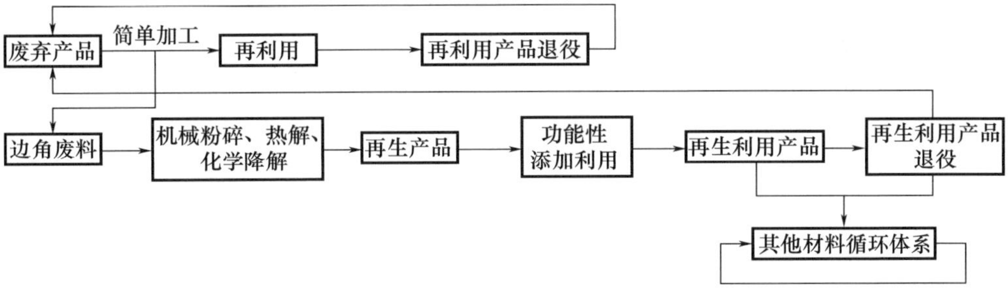

图 2-6　复合材料固体废物梯次利用流程图

以叶片为例，叶片拆解后，腹板（发泡材料）制成保温板，可以作为冷库、冷链物流、温室大棚墙板等；主梁、叶根裁切后可作为结构件、建筑承力构件等；蒙皮裁切后可作为托盘进行周转等。当这些产品寿命期满后，再进行粉碎，产生的再生纤维、再生粉末可以作为纤维增强塑料、塑料母粒等进行工业用塑料制品的加工；也可以添加到复合材料制品中替代原丝纤维或者填料等。当化学降解等工艺技术成熟后，可以将有机高分子降解成其他高分子材料，回归化工原料，玻璃纤维再次进行添加应用。这样，就可以多次阶梯式资源化，而且，每次都会产生价值不菲的社会效益价值、经济效益价值。

5）复合材料固废处理进展缓慢，缺乏政策支持。

虽然风电叶片受到了国家相关部委的关注，国家也发布了多项促进产业发展的引导性政策，但其他领域的复合材料固废废物并未得到关注。目前，产业化领域还没有实实在在的支持性政策，企业投资欲望低。

纤维复合材料固体废物回收行业发展初期处理成本高、资源化利用价值小，导致产业化研发投入少，产业技术发展缓慢。虽然企业关注度不断提高，但经过仔细核算后发现效益价值低，大多数企业处于观望状态。

纤维复合材料固体废物处理，需要产废单位付费处理，回收处理企业处理成本高，且缺乏进项票，税收高，导致产业发展受阻。

3

风机复合材料篇

中国作为全球经济大国、人口大国，2020 年 9 月 22 日，习近平主席在第七十五届联合国大会一般性辩论上宣布，中国二氧化碳排放力争于 2030 年前达到峰值，努力争取 2060 年前实现碳中和。实现碳达峰、碳中和，是贯彻新发展理念、构建新发展格局、推动高质量发展的内在要求，是党中央统筹国内国际两个大局作出的重大战略决策。

在此基础上，国家大刀阔斧地开始出台有助于双碳目标实现的各种政策并逐步开展实质性推进行动，其中，国家能源结构的调整就是最主要的措施，逐步减少化石能源的比例，提高以风能、太阳能等自然清洁能源为代表的比例，在实现碳中和的目标任务中具有不可替代的作用。“碳达峰、碳中和”要求 2030 年非化石能源占一次能源消费比重达到 25% 左右、风电太阳能发电总装机容量达到 12 亿 kW 以上等任务。2021 年，全国风电、光伏发电发电量占全社会用电量的比重达到 11% 左右，后续逐年提高，确保 2025 年非化石能源消费占一次能源消费的比重达到 20% 左右，非化石能源发电量比重达到 39% 左右。

风力发电机组的设计寿命一般是 20 ～ 25 年，我国风力发电机组批量化安装并网时间从 2004 年开始，2020 年达到装机并网高峰。从 2024 年起将会有大批量的风电机组下线退役，其中风电叶片等复合材料能否得到合理科学的回收处理以及资源化利用将是风电可再生能源产业发展的关键。

随着风资源的不断减少，提高发电效率是风力发电领域科技进步的原动力。为了提高风资源转化效率，提升扫风面积是关键举措，提高扫风面积势必要增加叶片的长度。由初期的 10m 级叶片的小型风力发电机，到 30m 长叶片的大型风力发电机，目前已经有 110m 级的叶片得到应用，发电机组也达到 10MW 级水平。随着风力发电机使用寿命到期，将会有大量的风机叶片下线，由于单只叶片的尺寸和质量越来越大，增加了回收资源化利用的难度。

风力发电机用复合材料包括叶片、机舱罩、导流罩、挡雨环、叶根挡板几个部件。其中，叶片质量从几吨到几十吨不等，风力发电机发电功率越大，叶片越长，质量越大。机舱罩质量一般为 2 ～ 4t。导流罩质量约几百千克，挡雨环和叶根挡板质量一般约几十千克。本文中所述叶片质量包含了风力发电机用其他复合材料部件的质量。

3.1 风机复合材料产业发展现状

风力发电机从 20 世纪 80 年代初期在欧洲逐步产业化发展，从千瓦级的初级风机到现在 10 兆瓦级以上风力发电机，经历了科技迅猛发展、全球气候变暖、环境污染、资源逐步枯竭的经济快速发展期；同时，也经历了全球自然清洁能源开发并迅猛发展的不可再生能源的保护期。

我国大型风力发电机的批量上线在 2008 年以前，以 600MW、750MW 为主；2008 年以后，以 1.5MW 为主。风力发电机技术发展迅速，国家政策支持力度逐步加大，推动了大功率机组的研发及产业化效率，从 3MW 到 10MW 风力发电机的产业化仅仅用了 10 年左右的时间，其中风机叶片长度也由 30m 逐渐增加到 50m、70m、90m，甚至超过了 110m，逐步增加了扫风面积，提高了发电效率。叶片的质量也从 3t/ 只，发展到 30t/ 只以上。

风力发电机所用复合材料包括风电叶片、机舱罩、导流罩等。经过历年装机容量（根据中国农业机械工业协会风力机械设备分会提供的数据）以及经验数据，按 13kg/kW 计算，可以测算逐年风电叶片产量、累计产量。逐年风机用复合材料产量如图 3-1 所示，总复合材料用量约在 462 万 t。

《风电场改造升级和退役管理办法》即将实施。这将推动各开发商开展“以大换小”的行动，即在风电机组服役 15 年后，各开发商可以在提高发电效率、降低综合成本的基础上采用大功率风机置换原有的小功率风机。目前，龙源集团、华润、国电投等风电公司已经开展试点工作。“以大换小”的行动，势必导致风电机组的提前下线，甚至退役，也将会导致风力发电机叶片的提前下线。

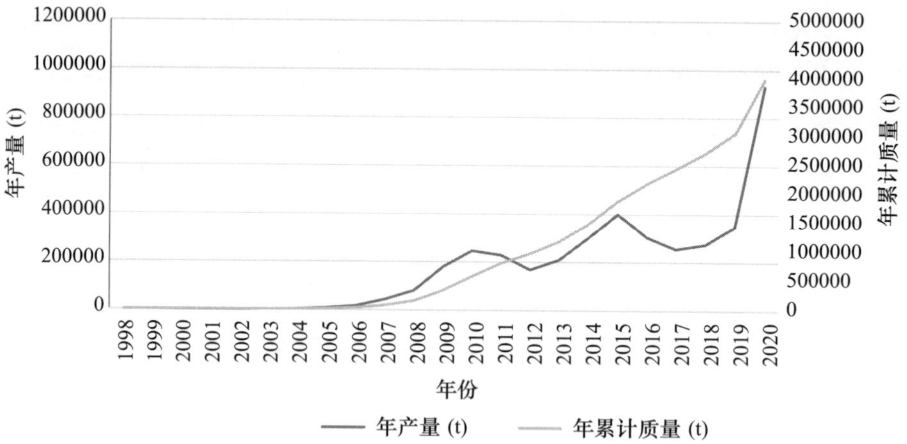

图 3–1　逐年风机用复合材料产量

注：以上数据根据中国农业机械工业协会风力机械分会提供的数据推算而来。

若是考虑“以大换小”的提质增效行动，此举将会导致风电机组的提前下线，也就是说，在 2024—2030 年，将会比预测的下线叶片量有所增加。据风力机械分会初步统计测算，1.5MW 及以下的风机，将会有 1/3 的风电机组提前下线。提前下线的风电机组部分产品经评估后将会降级重复利用；部分产品将会拆解处理。这将导致下线风电叶片出现提前增量的情况，即 2022—2027 年间下线叶片中将会出现 2025—2032 年“以大换小”提前下线的增量，或会导致区域性叶片等复合材料下线量提前 2 ～ 4 年达到 6000t。以内蒙古为例，原预测的 2027 年下线超过 8000t，或将会提前到 2025 年。具体数量要根据各开发商的最终计划。

3.2　风机复合材料全国分布情况

截至 2020 年年底，全国并网风电装机容量 2.8 亿 kW，其中“三北地区”累计并网风电占比达到 64%，华中地区、华东地区和华南地区分别占比 14%、12% 和 10%。

以 20 年服役周期计算，2005—2020 年并网的风电机组将于 2025—2040 年退役，由此将带来以风机叶片为代表的复合材料的大量下线（以下数据仅以风力发电机组生命周期 20 年为基础测算，未考虑“以大换小”导致的提前下线情况）。从地区来看：2040 年，华北地区复合材料总下线量将超过 120 万 t，西北地区接近 90 万 t，其他地区在 30 万～ 50 万 t，如图 3-2 所示。从具体省份来看，2040 年排在前十的省份依次为内蒙古、新疆、河北、山西、山东、江苏、河南、宁夏、甘肃、辽宁，其中内蒙古 2040 年叶片等复合材料累计下线量将接近 50 万 t，如图 3-3 所示。

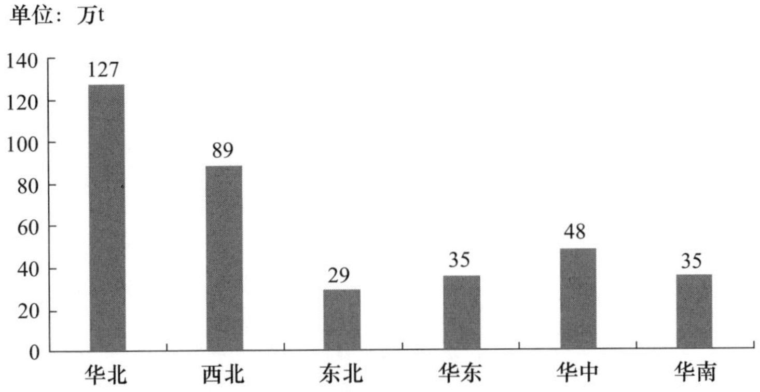

图 3-2　2040 年各地区风机复合材料累计下线量预测

备注：为统计方便，内蒙古东部数据并入华北地区。

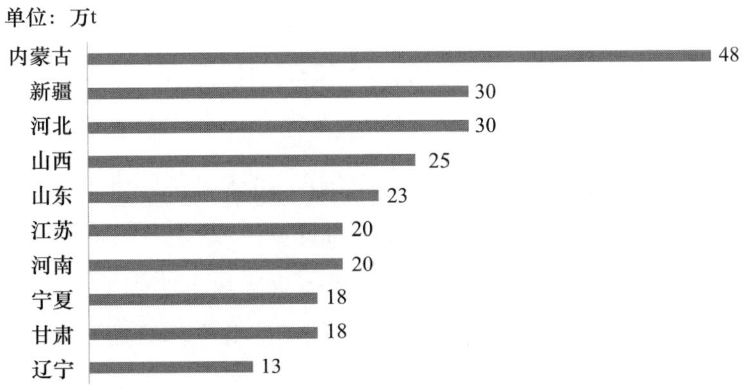

图 3-3　2040 年风机复合材料累计下线量预测前十省份

在重点省份方面：据不完全统计，如果按照风机复合材料下线量 6000t/ 年为经济指标进行划分，有多个省份连续多年达到指标要求。其中，内蒙古与河北分别于 2027 年和 2028 年风机复合材料下线量达到经济指标要求，并一直持续到 2040 年。山东、山西、宁夏、新疆将在 2030 年后相继满足经济指标，除个别省份个别年份未达到要求外，其余时间均满足条件并持续到 2040 年，见表 3-1，灰色部分为年产废量达到 6000t 以上的年份和省份。

表 3–1　重点省份风机复合材料下线量情况

省份	2027 年	2028 年	2029 年	2030 年	2031 年	2032 年	2033 年	2034 年	2035 年	2036 年	2037 年	2038 年	2039 年	2040 年
河北		■	■	■	■	■	■	■	■	■	■	■	■	■
湖南								■	■	■	■	■	■	■
山东				■	■	■	■	■	■	■	■	■	■	■
山西					■	■	■	■	■	■	■	■	■	■
陕西							■			■	■	■	■	■
江苏				■					■	■	■	■	■	■
甘肃				■	■	■	■	■	■					
内蒙古	■	■	■	■	■	■	■	■	■	■	■	■	■	■
宁夏					■	■	■	■	■	■			■	■
新疆						■	■	■	■	■	■	■		■

3.3　全国开发商装机情况

据不完全统计，截至 2020 年年底，全国前 10 大新能源开发商风电装机容量之和为 1.6 亿 kW，占全国风电累计并网容量的 57%，如图 3-4 所示。国家能源集团达到 4000 万 kW；排名第十的金风集团装机容量也达到了 400 万 kW。随着大规模风电机组退役的临近，各企业已经开始关注并立项开展风电叶片的回收处置事宜。

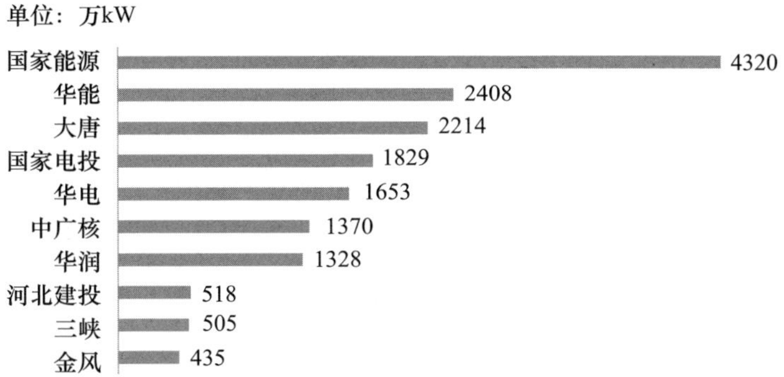

图 3-4　2020 年年底我国风电装机容量前十大新能源开发商

3.4　典型地区装机及风机复合材料下线情况

我国内蒙古自治区风资源优异，现阶段总装机容量居全国首位。内蒙古面积大，东西跨度大，在全国风场机及装机容量具有典型性、代表性。

内蒙古是全国风电规模化开发最早的区域之一，截止到 2020 年年底，内蒙古风电并网容量达到 3786 万 kW，位居全国第一，据不完全统计，2005—2007 年内蒙古风电处于规模化开发起步阶段，年度新增规模在数万至数十万千瓦水平。从 2008 年开始内蒙古风电步入大规模发展期，年度新增规模均在百万千瓦以上，到 2011 年装机容量达到第一个顶峰，装机容量超过 400 万 kW，2012—2019 年间，除 2015 年装机超过 300 万 kW，其余年份基本在 200 万 kW 左右。在 2020 年抢装潮时期，内蒙古新增并网容量达到创纪录的 700 万 kW，如图 3-5 所示。

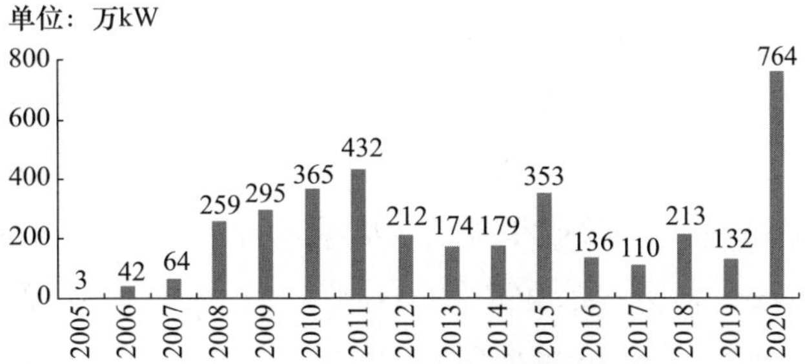

图 3-5　内蒙古风电年度装机情况

3.4.1 内蒙古风机复合材料下线情况

根据20年生命周期来计算，内蒙古地区2005—2007年并网的风机将于2025—2027年逐渐退役，届时将初步迎来复合材料的下线，据不完全统计，2026年和2027年将分别下线0.5万t和0.8万t复合材料；从2028年开始，除个别年份下线量在1万～2万t，其余年份复合材料下线量均保持在2万t/年以上。预计到2040年年底，内蒙古地区复合材料累计潜在下线量将超过48万t，而2040年一年的下线量接近10万t。如图3-6所示。

图3–6 内蒙古风机复合材料年下线量预测

3.4.2 内蒙古各盟市风机复合材料下线情况

截止到2020年年底，内蒙古风电场主要分布在阿拉善盟、巴彦淖尔、包头、乌兰察布、锡林郭勒盟、赤峰、通辽等几个盟市，据不完全统计，锡林郭勒盟、乌兰察布、赤峰装机容量位居内蒙古前三，其中仅锡林郭勒盟一地区装机就超过900万kW，如图3-7所示。预计2040年各盟、市风机复合材料累计潜在下线量也是锡林郭勒盟、乌兰察布、赤峰位居前三，分别达到12万t、6.6万t、6.4万t，如图3-8所示。

内蒙古自治区各盟、市最大装机容量在锡林郭勒盟，预计2040年总下线量达到12万t。锡林郭勒盟每年风机复合材料下线量如图3-9所示，除2028年预计下线量达到1.34万t，2040年预计下线量较前一年剧增到7.78万t；其余年份均未超过0.6万t，2033年、2035年、2038年、2039年下线量均小于1000t。

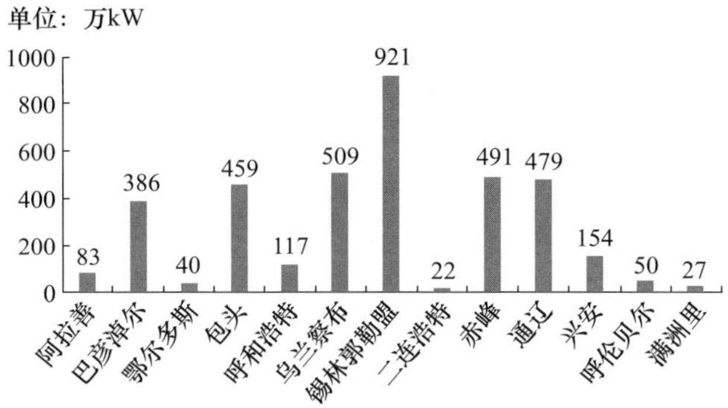

图 3–7　2020 年年底内蒙古各盟市风电装机情况

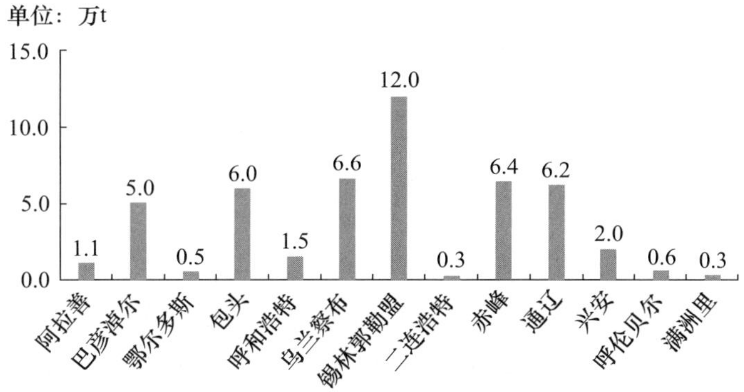

图 3–8　2040 年内蒙古各盟市风机复合材料累计潜在下线量

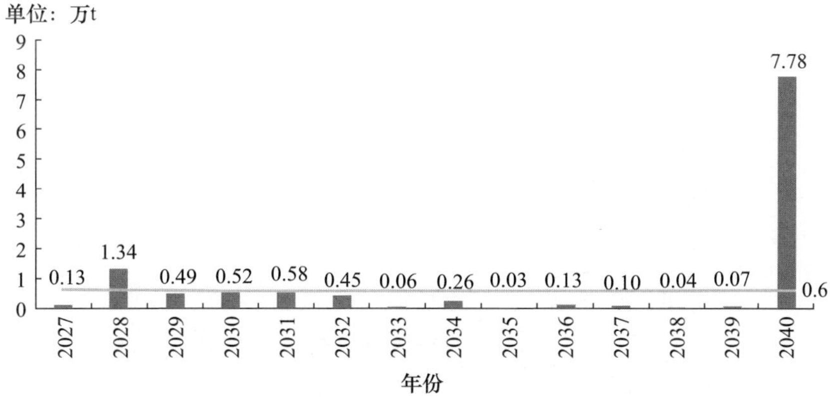

图 3–9　锡盟地区风机复合材料逐年下线量

3.4.3 内蒙古各开发商风机复合材料下线情况

据不完全统计，截止到 2020 年年底，共有 30 家开发商在内蒙古地区风电装机容量达到 10 万 kW，其中装机容量排名前十的开发商分别为国家能源、大唐、华能、华电、国家电投、中广核、华润、三峡、金风、蒙能，合计装机容量 2313 万 kW，占全自治区风电总装机容量的 61%，如图 3-10 所示。

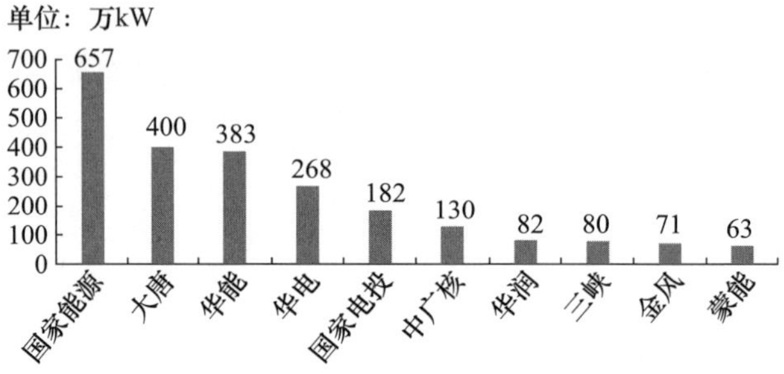

图 3-10 2020 年年底内蒙古前十大风电开发商装机情况

以某开发商为例，从 2006 年开始在内蒙古地区装机风电，2008 年和 2011 年风电装机均超过 100 万 kW，其余多数年份在 50 万 kW 左右，2016—2017 年以及 2019 年受外界大环境的影响，该开发商在该地区没有新增风电装机，如图 3-11 所示。与之对应的 20 年后复合材料下线量也呈相似的变化，其中在 2011 年达到峰值 2 万 t，如图 3-12 所示。

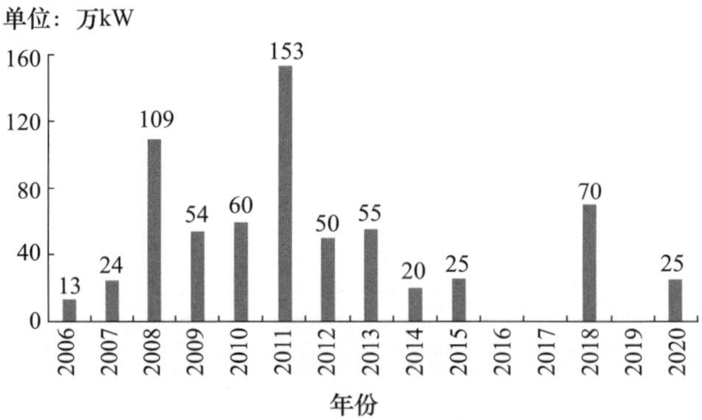

图 3-11 某开发商在内蒙古地区年度新增风电装机情况

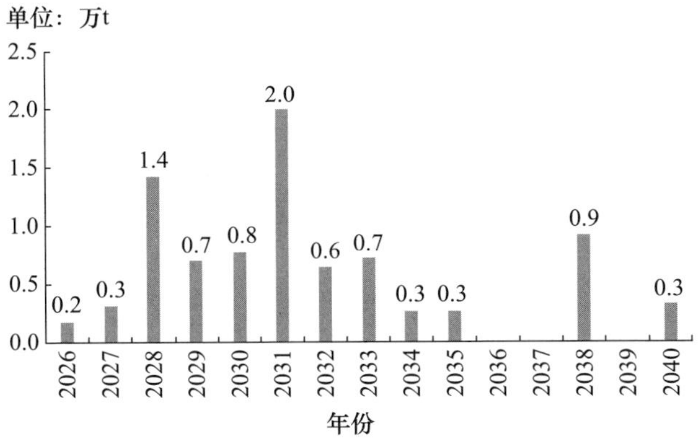

图 3-12 某开发商在内蒙古地区风机复合材料年度下线量预测

内蒙古地区东西跨度近 3000km 范围内，其中蒙东从呼伦贝尔到乌兰察布近 2000km。某开发商在内蒙古区内，2026 年下线量仅有 2000t；即使 2031 年达到 2 万 t 高峰。由图 3-13 可以看出，2031 年风机复合材料总量最小地区是鄂尔多斯和呼伦贝尔仅 600t；通辽最多，也只有 5200t。若开发商们自己回收，重复投资不可避免，却难以实现叶片复合材料固废产业化资源化利用。

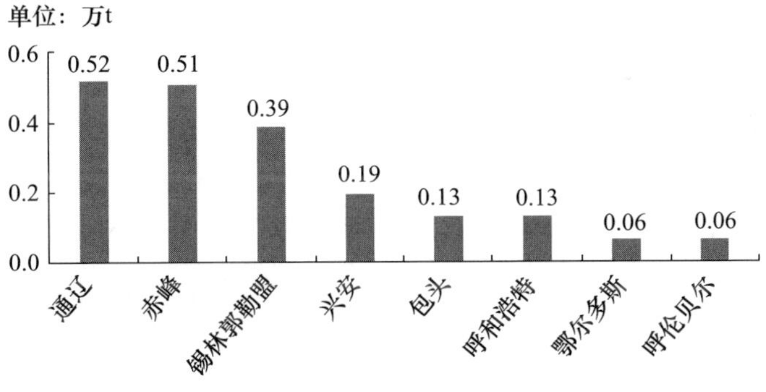

图 3-13 2031 年某开发商风机复合材料内蒙古各地区下线量分布预测

3.5 风机复合材料固体废物市场及处置现状（含商业模式）

3.5.1 风机及叶片的组成等对回收处理的影响

风力发电机组由主机部分（发电机、齿轮箱、变频器等）、塔筒、叶片、机舱罩、水泥基础、蓄电池等主要部件组成。服役期满的风电机组经过拆解后，其主机部分经过评估可以进入再制造领域发挥其最大价值；或者报废后，作为废金属变卖。塔筒也可以按废金属变卖产生价值。而风电叶片、机舱罩、废油脂、蓄电池、水泥基础作为固体废物或者危险废物需要进行处置或者综合利用。

叶片和机舱罩是以树脂和玻璃纤维作为主要组成材料。树脂经过交联后，其稳定性高；玻璃纤维主要成分为无机矿物 SiO_2。两种主要材料难以自然降解，自身价值低。叶片中同时复合有：轻木、PVC 或者 PET 泡沫、金属螺套、环氧或聚氨酯胶黏剂等材料，增加了叶片回收的复杂性。风电叶片因其体积庞大、结构复杂、形态不规则、材料品种多，回收难度陡增。其尺寸较大，难以切割、难以运输；风场几乎都处于偏远地区，运输距离远、作业资源匮乏等；产品材料品种多、复合结构，分解、回收利用难。

3.5.2 风机复合材料回收市场现状

目前，开展回收综合利用的企业基本以民营企业为主。主要的回收应用是回收分割后交给发电厂焚烧处理；也有部分民营企业将叶片回收后根据需要分割，然后售卖给相应的用户，以农村养殖、葡萄架等为主。但由于缺乏批量、没有规范，系统性、发展性欠缺等，可以定义为对风电叶片等固体废物的变向抛弃。

部分企业将叶片进行拆解，将不同部位不同材料进行分类，通过机械加工的方式产生再生板材或其他再生产品等,或者用再生材料进行其他批量产品的加工。还有部分企业、高校及研究所，开展机械粉碎及再生纤维的综合利用；开展热降解、化学降解的研究和产业化工作。

现阶段以机械粉碎法为主要手段对叶片进行处理。叶片拆解后粉碎工艺已经基本成熟，实现了再生纤维的分离；也完成了从粉碎到木塑添加综合利用的成套回收处理及综合利用生产技术和生产线。热解法已经可以实现对叶片等复合材料的降解，获得再生纤维，但其存在投资成本高、生产效率低、热解油难以处理、碳排高、再生纤维性能低等问题。化学降解法目前已经有企业开始小试和中试阶段，产业化将假以时日。

3.5.3 现阶段叶片回收存在的问题

目前风力发电机组下线主要因风电发展初期，产品设计及质量问题造成，下线量小，且较为分散。不足以支撑叶片等复合材料回收产业的布局发展。2024 年全国预测有 3152t 的叶片等复合材料下线，而且分布在西北、东北、华北以及东部沿海地区，到某个区域也就几百吨，难以支撑回收综合利用产业的投资。当某个区域年下线量超过 6000t 时，才足以支持叶片等复合材料回收处理企业的平稳发展，才能形成下游综合利用产业的规模化经济效益。现阶段，由于上游叶片每年下线量不集中、不规律，导致回收成本高，批量化、高值化综合利用开发困难，难以形成规模化效应。

现阶段叶片回收以小型民营企业为主，通过竞标获得固废资源。产废单位并未过多地充分理解叶片回收资源化低碳综合利用的发展性问题，而关注点是规避固体废物处置的法律责任和低成本化。各大能源集团以及地方政府已经逐步开展关于叶片回收及资源再利用的产业化技术研究工作和模式研讨工作。

为何以 6000t 风机复合材料作为产业化分界线？原因如下：

第一，根据全国各省风机叶片下线量以及“十四五”新能源产业可持续发展规划，多数省份在今后几年将逐步实现年下线 6000t 复合材料固体废物产量。从市场调研数据分析，目前机械粉碎生产线设备年处理量都在 6000 ～ 10000t。生产线从分割、初级破碎、二级粉碎、筛分等模块化工艺装备进行了设计匹配，设计和装备制造水平趋于成熟。

第二，根据投资收益效率测算，年处理量 6000t 的装备，投资收益率已经较低。以每吨叶片的处置拆解、运输及处理成本计算，其现场拆解成本为 600 ～ 1000 元 /t，运输费为 100 ～ 500 元 /t 不等；粉碎等处理成本为 400 ～ 700 元 /t 不等，总成本为 1100 ～ 2200 元 /t。而利润仅在 200 元 /t 以内，年处理 6000t，其利润收益仅 120 万元，去税后收益不足 100 万元，投资收益期为 7 ～ 10 年时间。若是低于 6000t/ 年的处理量，将会拉长投资收益周期，严重打消新兴产业投资者的积极性。

第三，年产 6000t 再生材料（如：3000t 再生纤维、3000t 再生粉末）可以支持下游综合利用产业规模化、稳定发展。对于下游再生利用产品的应用，是否可以形成规模化、产业化非常关键。小批量产品难以实现固废的消纳；难以保证下游客户货源的可持续和稳定的需求；难以实现规模经济效益；难以实现固废回收产业可持续以及低碳发展。批量应用产品既可满足客户稳定需求，也可以形成产业集群发展；可以实现回收产业高质量、稳定、可靠、可持续发展；有利于碳减排、碳核算的零碳发展任务的实现；可以解决固体废物消纳的现实问题。以聚合物玻纤抗裂砂浆应用为例，年市场需求为 200 ～ 300 万 t 纤维（传统产业以 PP 纤维或者木质素纤维为主），复合材料回收再生玻纤可以增加添加量，可以消纳 400 ～ 1000 万 t/ 年复合材料固体废物。偌大的工程需求，若再生玻纤的应用占比 20%，年需求量最少也要 80 万 t。年产能 1 万 t 的复合材料回收生产线，也只能生产再生玻纤 5000t（平均值），可实现 800 万元销售利润。80 万 t 复合材料固体废物资源化利用，需要大量的生产线建设。产能小的设备几乎难以满足几个工程同时建设的需求。再生纤维或再生粉末在其他建材、塑料增强等产业化应用，面临同样的问题。

第四，小规模的再利用处理，将会导致经过分割加工后的再利用产品应用分散、难以监管，很难实现《固废法》要求的可追溯、可查询的要求。在再利用产品服役期满后，因规模小、产量小，难以再次被回收和梯次利用。

因此，产能 6000t/ 年的生产线是较为合理的。从经济效益上判断，回收处理与再生利用相结合，效益价值也相对较高。

4

回收技术篇

热固性复合材料有不溶不熔的特点，曾被认为是不可回收的，主要原因是树脂基高分子材料是热固性高分子。热塑性高分子是线形分子链段相互缠结而成，分子链之间无交联点限制其链段的运动，而只有较弱的分子间作用力，因此能在高温下进行各种加工，回收容易。而对于热固性高分子而言，其聚合物链段之间的化学交联作用限制了链段之间的运动，加热时只能碳化而不能熔融。这类材料的热稳定性、耐溶剂性、力学性能都远优异于热塑性材料，尤其是硬度和刚性等性能。而将此热固性高分子与纤维增强材料经过层层复合固化制备热固性复合材料后，其高分子和纤维材料发生偶联，形成锚固化学交联点，显著提高材料的强度、尺寸稳定性及耐热性，但同时也提高了其回收难度。有些复合材料中无机纤维材料含量接近 75%，同样提高了其回收难度。

随着人们对热固性复合材料的深入研究，逐渐摸索掌握了其回收方法，在实际产业运用中主要有物理回收和化学回收两大类方法。

高分子材料回收再利用技术是从塑料产品回收开始，通过粉碎再造粒、再生料添加实现了其梯次循环利用的征程。橡胶轮胎等橡胶材料前期回收再利用也是以粉碎、磨粉后添加利用为主，各生产企业将余料和产品边角料粉碎添加应用，以上都是物理法回收再利用技术。到 2010 年前后，塑料炼油、轮胎炼油的热裂解回收技术得到发展，由于热裂解是通过缺氧、高温降解的方式，该方式将有机材料的分子链在能量的作用下将各个化学键打开，该方法适用于所有有机高分子材料；因此塑料、橡胶材料、轮胎、秸秆、油泥等含有有机材料的废物，均可通过热裂解工艺实现，几乎变成了万能的回收技术。然而，由于热裂解回收技术装备存在二次排放、能耗高、效率低、成本高等问题，国家禁止塑料热裂解炼油回收技术的实施。现阶段，塑料回收还是以粉碎造粒、梯次利用为主要回收技术路线；橡胶轮胎因为产量大，梯次利用难，而近几年热裂解的回收技术设备自动化、智能化逐步发展，其能耗降低，效率提高，其连续化生产、安全和排放污染控制得到很好的解决，回收产物的品质和价值越来越高。可以降解出钢丝、炭黑、热解油（辛烷值可达 89 左右），回收产物价值较高，因此国家鼓励橡胶轮胎的热裂解工艺发展。

纤维复合材料因为基体材料是热固性有机材料，又有玻璃纤维、碳纤维等增强，虽然同属高分子领域，但其高分子基体材料种类多、产品结构复杂、尺寸大，具有特殊性。其回收技术无论采用物理机械粉碎法，还是热裂解法、化学降解法等各种方法都有优劣，每种方法都不能包打天下。下面是复合材料的回收技术发展情况以及现阶段科学合理的回收技术应用情况。

4.1　复合材料回收技术历史发展

我国复合材料回收技术的研究从 20 世纪 80 年代开始，到 2010 年后复合材料固体废物回收受到广泛关注，开展研究单位逐步增多。由于固废收集、回收技术成熟度、综合利用技术等不足，法律法规要求不明确，监管不到位等因素影响，复合材料回收鲜有产业化落地项目。

我国的叶片等复合材料固废处理方法和技术有以下几种。

4.1.1　再利用

再利用指的是将叶片或其他结构复杂的大型复合材料制品进行简单分割或加工，对分割部件未丧失的性能、功能，进行再次利用的过程。

例如：将叶片裁切后做景观、叶根部分作为输水排污管道、主梁作为建筑用梁和柱等、腹板做保温板材、壳体裁成板材做托盘、海洋牧场鱼礁等；将口径 3.2 米退役管道做成移动住宅；将平板类大型制品裁切成板材做成托盘等。目前，该方法通过对其他材料的替代实现了复合材料制品经再加工转化成其他产品，使其应用寿命延长，从而产生新的价值；此举给复合材料固废回收高新技术发展留出时间空间。图 4-1 为再利用产品设计示范。

图 4–1　再利用产品设计示范

4.1.2　机械粉碎法

该方法是目前运行成本低，最易实现产业化的回收技术。目前已经有了相对成熟的粉碎生产线，经过多级撕碎、粉碎将玻璃纤维和树脂粉末分离出来。对于风电叶片的回收，现阶段以机械粉碎法作为主要的回收利用技术。回收工艺流程及回收处置后获得的再生纤维、再生粉末等材料，通过综合利用技术和应用方向的开发，应用于复合材料制品增强材料、塑料改性、建筑墙材、光伏支架、木塑、玻纤增强木纤维板、抗裂砂浆、混凝土制品等领域。回收阶段流程如图 4-2 所示；回收粉碎回收工艺流程如图 4-3 所示；再利用产品示例如图 4-4 所示。目前较为成熟的粉碎回收生产线以重庆重通、江苏华纳环保科技有限公司、山东中车机车车辆厂为代表；粉碎回收与综合利用成套设备生产线以江苏华纳环保科技有限公司、天津龙津环保科技有限公司为代表。

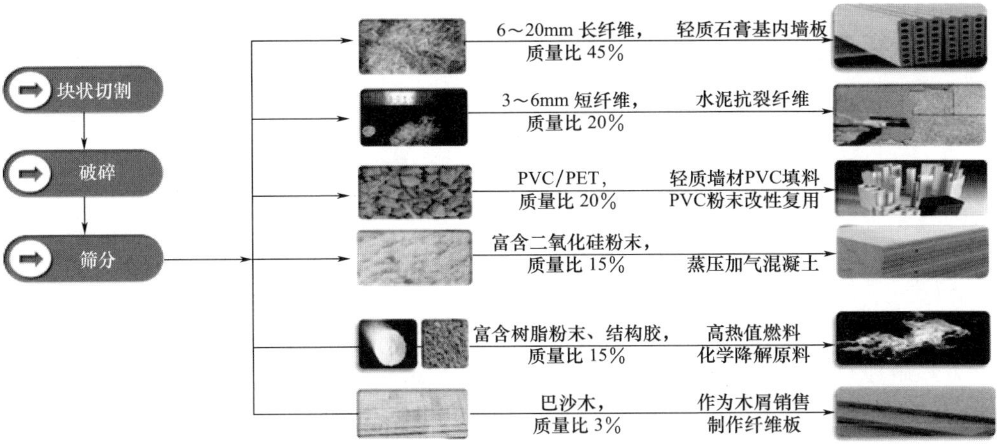

图 4-2　回收阶段流程图

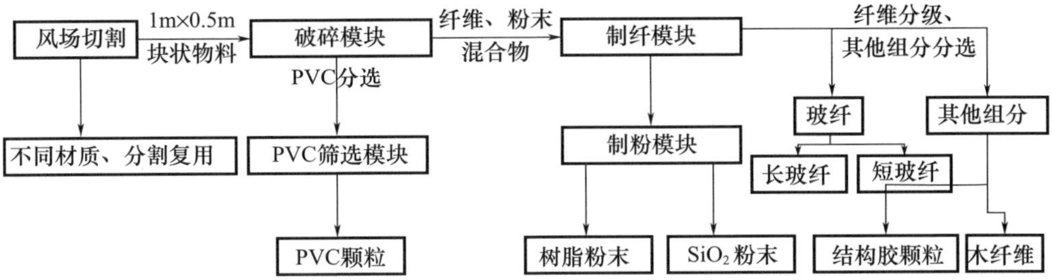

图 4-3　机械粉碎工艺流程图

图 4-4　再生利用产品示例

4.1.3 热解法

热解法又称高温裂解法，是通过加热获取能量将有机成分的树脂高分子链打开，形成多组分的小分子物气体或者液体，并将纤维、填料等分离回收的方法，如图 4-5 所示。其中产生的气体、液体经过冷凝、催化、蒸馏等工艺可以做成轻质燃油。但是，复合材料热解出来的热解油成分比橡胶和塑料的热解油成分更为复杂（含有烷、烯烃、芳香族、脂肪族等多组分混合物，继续分离难度陡增）。由于热解生产线成本相对较高，玻璃纤维增强复合材料回收难以产生较高效益价值。碳纤维复合材料固体废物通过热解法，可提取出碳纤维，再生碳纤维的价值较高，因此热解回收技术是碳纤维复合材料固体废物回收利用的主要手段。热解技术中，不同基体树脂的复合材料裂解温度不一样，如：现阶段不饱和聚酯树脂基体复合材料裂解温度不低于 550℃；环氧树脂基复合材料裂解温度不低于 650℃。对于玻璃纤维复合材料进行热解回收，成本相对较高，碳排高、综合利用价值不高，规模化难以实现。

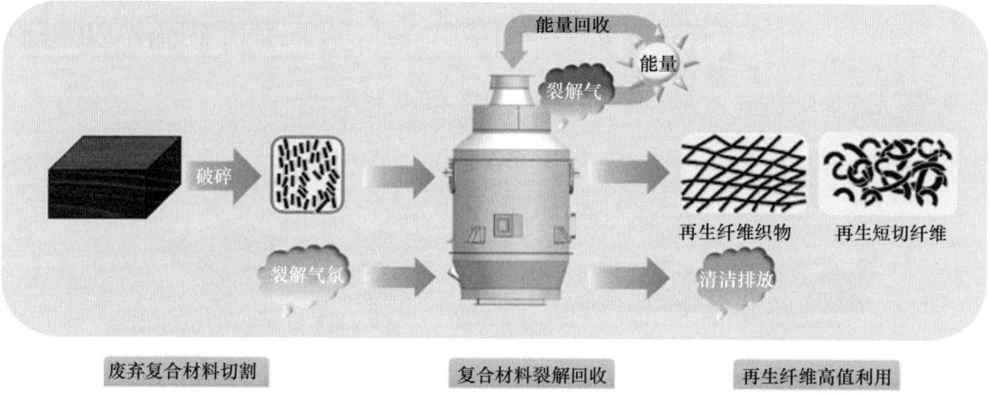

图 4–5 热解法示意图

4.1.4 化学降解法

化学降解法又称溶剂法，是通过溶剂、温度和（或）压力将高分子在特定的键位打开，形成长链单体或者树脂原材料的方法。其真正意义上实现循环经济。

示意图如图 4-6 及图 4-7 所示。

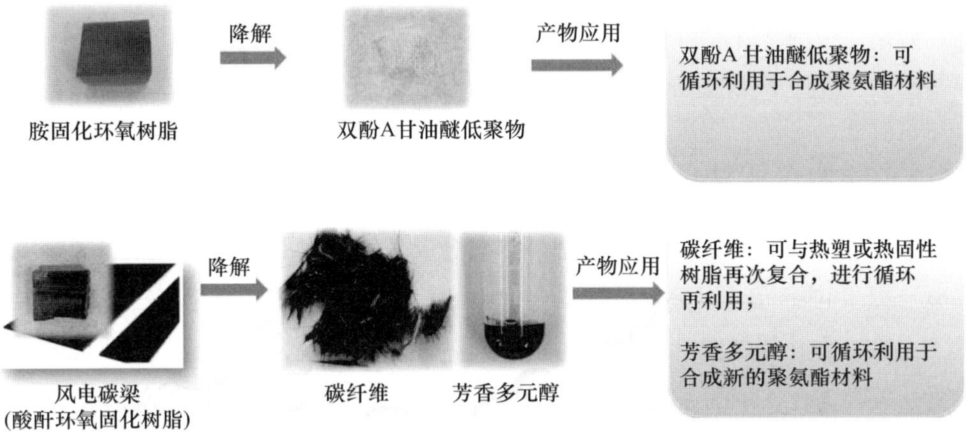

图 4-6 化学降解示意图

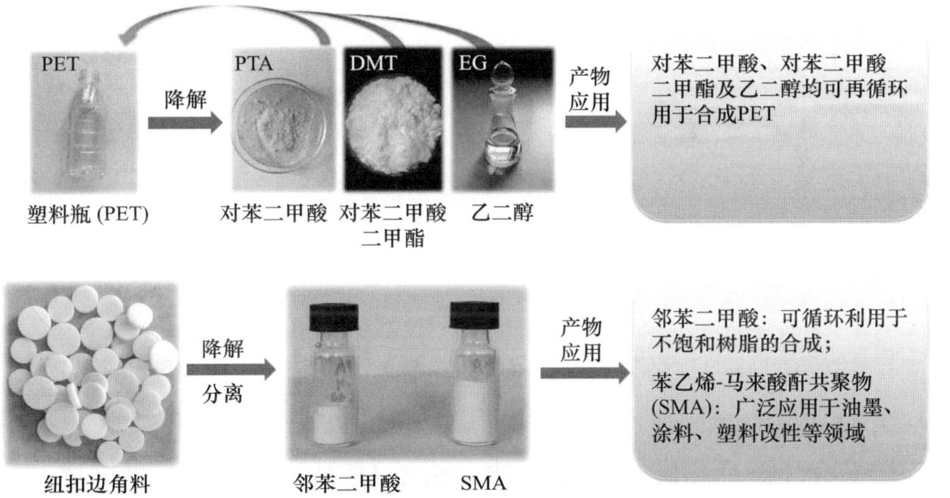

图 4-7 脂类高分子材料降解示意图

目前，国内已经有企业可以实现对环氧树脂降解获取三硝基苯酚、双酚 A 环氧树脂、丁香醛等，其中三硝基苯酚俗称苦味酸，是 TNT 的主要成分，其价值较高；双酚 A 环氧树脂可作为原材料再利用。对聚氨酯、PET、氨纶丝化学降解回收获取多元醇，可再继续生产聚氨酯泡沫或生产复合材料制品，或者生产防水、防腐、保温、装饰、地坪漆、模压产品和聚氨酯跑道等，实现低成本高质量高值化利用，实现了基体树脂和增强材料的循环利用。该方法成本较高，但产生的效益价值高。该技术还处于研究阶段，部分企业实现了小试，产业化还需假以时日。

4.1.5　能量获取法

能量获取法是通过燃烧复合材料中有机成分而获取能量的过程。其可以用于发电、提供热能等。但是，由于复合材料的树脂含量比较低而且不同产品树脂含量不一致，致使能量供给不足、不均衡，易造成燃烧不充分，排放超标；玻璃纤维含量比较高，在焚烧的过程中，大量的玻纤熔化成玻璃液态，容易黏附在炉体内或者炉箅子上，导致安全隐患（批量焚烧易造成锅炉损伤或爆炸等），如图 4-8 所示。

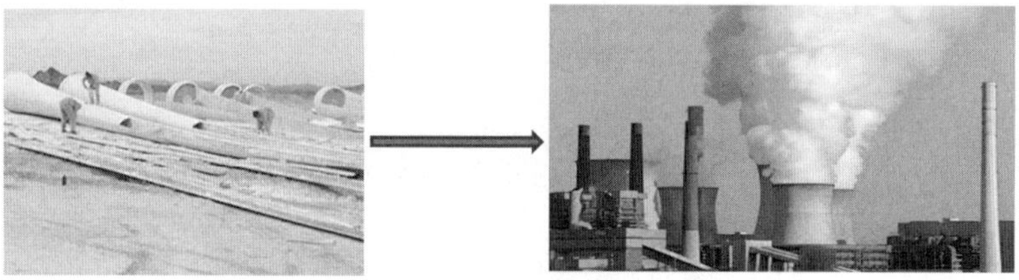

图 4–8　叶片焚烧示意图

4.1.6　水泥窑协同处理法

水泥窑协同处理是将复合材料中的有机成分进行焚烧获取能量，并将玻纤 SiO_2 等无机成分添加到水泥中的应用方法。

虽然在德国、美国已经实现，但由于复合材料制品的树脂含量不一致，我国玻纤品种中还存在大量的高碱、中碱玻璃纤维，会对水泥品质产生影响。同时，因为复合材料制品玻纤品种、含量不一致，导致添加后水泥中 SiO_2 含量不稳定；树脂含量不一致，导致提供能量不稳定，窑炉温度不稳定。

水泥窑协同处理的叶片等复合材料需要经过分割、运输和粉碎环节，其处理成本在 1000 ～ 1500 元之间（根据运输半径不同），用其替代标准煤部分的价值，不足覆盖其处理成本。另外，其 SiO_2 的加入，并未为水泥品质提高、功能增加作出贡献。从某种意义上只能是废弃物的处置，无法实现综合利用，更谈不上高值化利用，是对资源的浪费。

4.1.7 可重复利用、可降解树脂

可重复利用树脂是根据高分子材料反应或固化机理，通过源头对高分子材料分子链进行设计，在其寿命周期结束后，通过热、化学降解等手段，将硬化或者交联后的树脂降解成初始状态的材料。

近年来，国内外积极开发可重复利用的基体材料。国外以法国 ARKMA 为代表的热塑性基体材料，可以实现退役后的可回收、可重复利用。国内相关高校、企业在实验室阶段实现了可降解的环氧树脂。国内台湾企业上纬集团，正在开发降解后可重复利用的热固性环氧树脂。可重复利用树脂的开发成功将会从源头上解决热固性基体材料不可回收的问题，同时，可以将热固性复合材料固体废物“吃干榨净”，并从源头实现固废“减量化、无害化、资源化”。在风电叶片退役后，降解基体树脂，获得增强材料，实现高值化循环利用，为减碳起到积极作用。

可降解树脂是从源头设计，树脂交联固化后可高效、低成本的降解成其他高分子材料，以实现高分子材料的资源化二次利用。目前，我国已经有专家团队开展可降解环氧树脂的开发，并取得实验室成果，目前正在积极开展产业化试制。该技术与化学降解类似，其唯一不同是源头设计，固定了后期的降解产物和降解工艺，更具有降解产物规模化、批量化的潜质，有更好的经济效益价值。

4.2 复合材料回收技术及现阶段发展情况

4.2.1 国外复合材料回收技术应用情况

国外对复合材料回收再利用技术与我国类似。荷兰设计公司 Superuse Studios 就是将报废的风电叶片切割用于城市建筑(如公共座椅)和户外遮蔽场所(如公交候车亭)等，延长其应用周期，但是这种回收方法的规模相当之小，无异于杯

水车薪，难以实现产业化回收综合利用。

重复使用叶片用于游乐场或街道长椅等；叶片的特定结构部件也可以重新用于建筑结构，例如自行车停放处、桥梁（丹麦，尚未建造）、人行道、建筑再利用；以 A29 叶片为主要梁的人行天桥概念设计；Re-Wind 研究项目等。叶片再利用示例如图 4-9 所示。

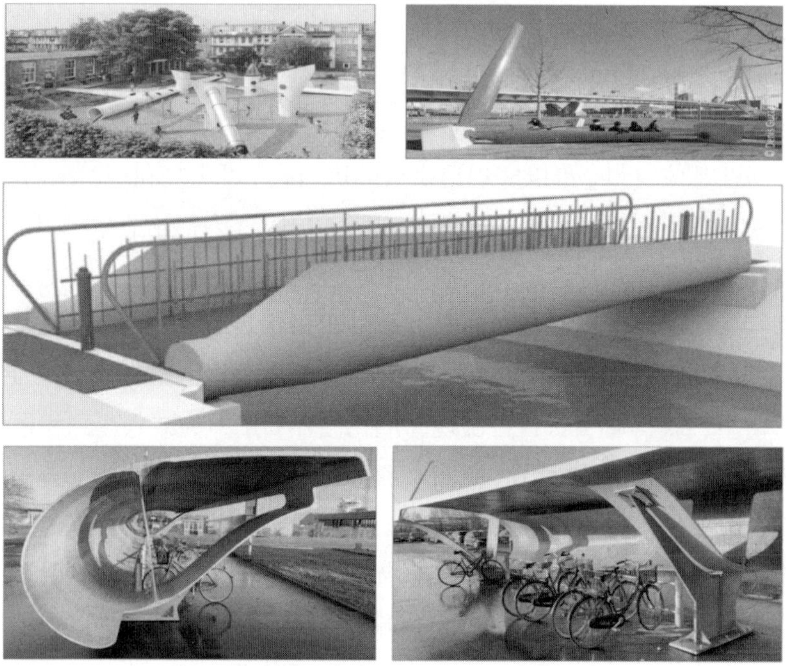

图 4–9　叶片再利用示例

（资料来源：Superuse Studios，Re-Wind and Port of Aalborg，Denmark）

美国华盛顿州立大学联合西雅图全球玻璃纤维解决方案公司 (GFS) 共同研究，将叶片切碎成手掌大小的碎片，然后将其加工成新型复合材料。经过测试，新型复合材料可以与许多木质复合材料相媲美，可用于地砖、塑料路面障碍等；该方法并未将叶片复合材料分离，而是将粉碎后混合物直接制作成建筑板材，其综合利用价值比较低。

国外有将来自风力涡轮机叶片的机械回收纤维作为短增强纤维添加到混凝土

中的案例，如图 4-10 所示。

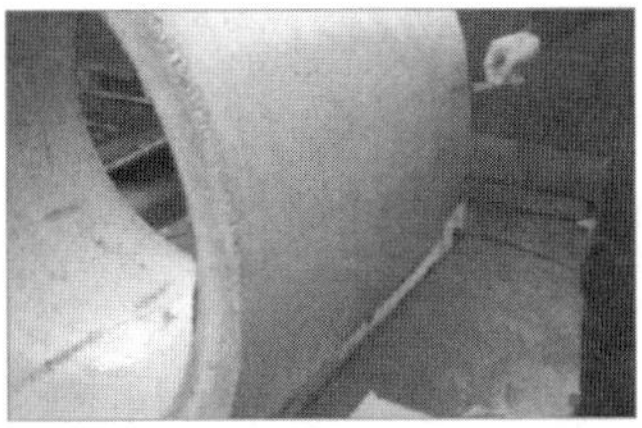

图 4–10　预制混凝土示例

（资料来源：Courtesy of TECNALIA）

英国 ELG 通过热裂解将碳纤维进行回收，并将回收的碳纤维制成短切毡或者预浸料，应用到汽车零部件。德国威立雅公司正在研究采用热分解回收碳纤维和聚合物树脂的方法，已经过航空工业试验和测试，但目前仍然没有在工业规模级别上开展这项工作。

2020 年 12 月，威立雅（Veolia）公司与通用（GE）公司签署协议，协助其回收位于美国的陆上风力涡轮机叶片，威立雅公司拟采用“水泥窑协同处置技术”，将叶片中的有机成分进行焚烧获取能量，并将玻纤 SiO_2 等无机成分添加到水泥生产中，从而减少所需的煤炭、沙子和矿物，生产出绿色环保的水泥。该方法从某种意义上只是废弃物的处置，无法实现综合利用，更谈不上高值化利用，经行业评估，普遍认为是对资源的浪费，不利于循环经济的发展。

高温热解是在无氧或低氧条件下对热固性树脂进行高温快速分解的一种方法，20 世纪末，美国 SMC 汽车联盟通过高温回收各类无机纤维、碳残留物而发展出热裂解法，但英国伯明翰大学发现，由该法得到的再生填充物被降低部分性能。丹麦的 ReFiber 公司尝试利用热裂解 - 气化法回收风电叶片中的玻璃纤维及产生的热量。

流化床法（本质上属于热裂解法）是将废弃复合材料破碎后加入流化床反应器，以空气作为流化气体，将纤维从复合材料中吹出并收集，回收的纤维杨氏模量不变，拉伸强度为新纤维的 70% ～ 80%，适合较高附加值的短纤纤维回收，如碳纤维等，此工艺是由英国诺丁汉大学的 Pickering 等人开发。目前，这种工艺正在美国、欧洲等地实现产业化。

溶剂分解法（化学降解法）多采用一种或多种溶剂在加热条件下解聚复合材制中的聚合物从而回收价值更高的碳纤维，也有在溶剂中添加催化剂来催化降解。溶剂解离法还包括水解法、酸解法、氢化降解法、醇解法等不同工艺。较为成功的是英国诺丁汉大学开发的超临界丙醇工艺。此工艺回收的碳纤维质量接近新碳纤维，但该工艺需要在高压的环境下进行，条件苛刻成本高，目前尚未实现产业化。

此外，还有电解法、光降解法、微波热解法、电子束辐照法、离子辐射法等技术研究对复合材料固体废物进行回收。

综上所述，降解方法的产业价值推动力主要是以回收得到高附加值纤维（碳纤维等）为目的，复合材料中的高分子在降解成小分子后成分复杂，并且很难在溶剂及助剂等的混合物中完全提纯，其自身价值较低，大多只能焚烧以回收能量。为此，玻纤增强复合材料由于回收玻纤附加价值较低，所以化学降解技术在玻纤复合材料领域产业化过程缓慢。

4.2.2 复合材料回收技术对比

各种回收技术的优缺点以及应用示例见表 4-1。

表 4–1 各种回收技术的优缺点及应用示例

方法	简介	优点	缺点	回收物应用
再利用	主要针对服役期满产品，其部分功能还未丧失，可以进行重复利用	回收方法简单，成本低	无法处理生产过程中产生的边角废料；同时由于其剩余功能的局限性，难以实现产业化的回收再利用；最后，其在剩余功能丧失后，还需要进一步的回收再利用	根据保留功能，应用到相关行业。如绝缘制品、轻型建筑、景观等
机械粉碎法	将服役到期产品或者边角废料分割成为一定大小的块状物，然后投进撕碎机中进行撕碎，再根据需要打碎、磨碎成纤维状、粉末状等形态，以备再次利用	技术简单、成本低、污染小	FRP 机械强度大、硬度高，对机械粉碎处理造成难度；有机成分无价值	粉料作为热塑改性材料；纤维用作建筑板材增强材料

续表

方法	简介	优点	缺点	回收物应用
能量回收法	将 FRP 废料投入燃烧炉中进行燃烧处理，FRP 燃烧产生大量的热量，进行发电、提供高温能源等	方法简单、成本低，回收能源	产生二次污染，热能利用率不高；批量燃烧易堵塞锅炉的篦子，易发生锅炉爆炸等安全事故	玻璃液成块无法应用
水泥窑协同处理	将复合材料固体废物添加到在制水泥中，有机部分作为燃料以提供能量，无机 SiO_2 作为水泥的组分进行利用的方法	成本相对较低，实现完全回收	由于复合材料中玻纤含量不一致，难以均化；玻纤有中碱、无碱等，无机金属元素含量不一致，易造成水泥品质不稳定	水泥制品
热解法	将热固性复合材料通过 450 ～ 650℃的高温，厌氧条件下，封闭加热，通过能量打开高分子之间的结合键，将网状结构分解成为小分子物，形成有机气体和液体，并保留增强类纤维及填料等组分	适合用于碳纤维复合材料的回收。回收各种类型 FRP 废料，各种尺寸、材料表面是否被污染等都可用此方法回收	成本较高，回收玻璃纤维温度高则易造成强度大幅降低；温度低，则玻纤表面碳化层难以去除，应用困难	回收油品可以做燃料油使用。纤维可以作为建筑板材、抗裂砂浆使用。回收碳纤维可用于性能要求不高的制品应用
化学降解	通过弱酸等介质，在常温或者 100 ～ 200 ℃，或在一定压力条件下，将高分子链中某个特定的键打开，形成新的高分子产物，保留纤维的方法	回收物价值高，纤维性能保留率高；若产业化，可实现循环经济。适合碳纤维制品小批量处理	效率低下，成本较高，还无法达到产业化的状态	回收高分子用在增塑剂等；纤维根据形态用于复合材料制品
可重复、可降解树脂	通过对分子链结构的设计，在分子链中植入键能较低的键位，在高分子聚合后，可通过特定的介质可以将相应化学键打开，从而实现源头设计。可以通过一定手段降解的热固性树脂	源头设计，可实现基体树脂的循环利用。可实现热固性高分子材料固体废物的“吃干榨净”和资源利用	技术难度高，易造成材料性能降低、玻璃化转变稳定下降等	回收产物一般为高分子材料。纤维性能保留率高，可以用于增强材料

不同的回收技术各有优劣，回收再生产物不同，其应用方向以及价值亦不同。现阶段各种回收技术的成熟度不同，其落地应用情况也不同；不同的回收技术对收集固废物原料的要求也不同，见表 4-2。

表 4–2　不同回收技术对固体废物原料的要求

回收技术	对废料的要求	再生产物
再利用	大型复合材料制品、结构；简单加工后可以循环利用或者用于其他产品的复合材料制品	再生板材、再生结构制品等
机械粉碎法	分割成可进入入料口的复合材料制品、边角废料等，废料厚度根据撕碎设备的功率相关	再生粉末、再生纤维
热解法	根据树脂基体进行分类：不饱和聚酯树脂基体、环氧基复合材料、乙烯基复合材料、聚氨酯复合材料应该分类，不同类产品应分开批量裂解。经过撕碎、粉碎的复合材料降解效率更高	裂解气、裂解油、再生纤维、填料
化学降解	根据树脂基体进行分类：不饱和聚酯树脂基体、环氧基复合材料、乙烯基复合材料、聚氨酯复合材料应该分类，不同类产品应分开批量裂解。添加碳酸钙填料的复合材料产品不适用。经过撕碎、粉碎的复合材料降解效率更高	不同分子量的高分子材料、环氧树脂等；再生纤维
能量回收法	所有复合材料制品	废玻璃渣
水泥窑协同处理	所有复合材料制品。需要经过撕碎、粉碎成粉末状	水泥及制品
可降解树脂、可重复树脂	针对应用可降解树脂、可重复树脂的复合材料。现阶段经过撕碎、粉碎效率更高	已设计的降解高分子材料、再生纤维

4.2.3　焚烧处置存在的问题

通过焚烧处置风电叶片等复合材料固体废物的方式有两种：垃圾发电和水泥窑协同处理，其原理都是将有机成分燃烧以获取能量；其中玻璃纤维成分经过高温后将会熔化。

德国北部建立了一个水泥协同处理厂，该厂每年使用约 15000t 复合材料废弃物（欧洲的复合材料中玻璃纤维几乎都是无碱玻璃纤维），其中 10000t 是风电叶片。该工厂的总产能为 30000t/ 年，成本约为 150 欧元 /t（入场费）。但是，WindEurope、Cefic 和 EuCIA 大力支持通过开发替代回收技术来增加和改进复合材料废物的回收利用，这些技术可以产生更高价值的回收利用物（包括树脂和纤维），并能够生产新的复合材料。热回收或化学回收技术的进一步发展和产业化可能为复合材料使用部门（包括风电行业）提供额外的寿命终止解决方案。

2020 年 9 月份《中华人民共和国固体废物污染环境防治法》实施后，生产企业产生的边角废料以及服役期满的应用领域的复合材料固体废物，基本已经无法通过填埋来处置。但由于综合利用的产业化回收技术成本高，效益价值低，产业化难以实现，在一定程度上推动了产废企业选择垃圾焚烧、电厂焚烧处置的发展。

我国水泥窑协同处理目前还没有产业化处置的基础。水泥窑协同处理需要对复合材料固体废物进行粉碎，但如果粉碎后不做均化处理，难以保证纤维复合材料物料的纤维含量的稳定性（叶片固废中叶根部分和叶尖部分的纤维含量不同；其他复合材料制品纤维含量不同）；同时，我国复合材料中玻璃纤维既有无碱玻璃纤维、中碱玻璃纤维，甚至还有大量的高碱玻璃纤维，这将导致水泥中碱金属物含量、玻璃含量的不稳定，难以保证水泥品质一致性；另外，由于复合材料固体废物中树脂含量的不稳定，导致过程中出现提供能量不稳定造成排放不达标的隐患。若将复合材料固废粉碎后进行均化处理，其成本更高。

水泥窑系统处置从根本上讲，是对可再生资源的浪费，无法实现固体废物的资源化综合利用和“碳达峰、碳中和”的目标。

2019 年，国内某知名玻璃企业在处置太阳能光伏支架（纤维复合材料拉挤制品）时，在焚烧炉体内添加光伏支架复合材料固体废物，因集中处理导致锅炉爆炸。类似事件在其他企业也出现过。将复合材料固体废物进行焚烧发电，存在的问题如下：

（1）法律要求:《中华人民共和国固体废物污染环境防治法》,“第三十六条 产生工业固体废物的单位应当建立健全工业固体废物产生、收集、贮存、运输、利用、处置全过程的污染环境防治责任制度，建立工业固体废物管理台账，如实记录产生工业固体废物的种类、数量、流向、贮存、利用、处置等信息，实现工业固体废物可追溯、可查询，并采取防治工业固体废物污染环境的措施。禁止向生活垃圾收集设施中投放工业固体废物。”明确规定了工业固体废物与生活垃圾不能混合处理。而复合材料固体废物目前的处置基本都是交到垃圾发电厂进行掺烧处置。

（2）极大的安全隐患：由于复合材料固体废物中含有大量的玻璃纤维，在经过 1000℃的高温后，玻璃纤维将会融化成玻璃液态，在重力作用下，其会向下流淌，堵塞焚烧炉的篦子，极易造成爆炸。近些年的企业焚烧行为中，已发生过两次锅炉爆炸事故。

（3）极大的环境排放不达标隐患：由于复合材料边角废料及制品中树脂含量不一致，导致有机成分在燃烧过程中所提供的热量不稳定，这将无法保证炉体内温度的稳定性，有机物会出现燃烧不充分的现象，将会产生大量的有毒有害有机小分子物，极易造成玻璃纤维以及高分子物小分子溢出，形成飞灰和 VOCs 排放严重超标；导致排放不达标。

（4）增加碳排放量：复合材料的基体树脂是有机高分子相当于燃料油的碳排放系数，碳排放系数约 3.1705kgCO_2/kg。这种处理方式大大增加了碳排放量，不利于“3060”目标的实现。

（5）对资源极大浪费：复合材料固体废物包含了树脂有机高分子成分和玻璃纤维成分。如果进行焚烧后，有机高分子将通过能量释放，无法实现再次利用；同时，玻璃纤维将成为无法利用的废物只能进行填埋，再次占用土地资源；若通过重复利用或者机械粉碎法，可以发挥其保留的功能性能，继续应用到相关领域，可节约资源能源。当化学降解技术产业化后，树脂高分子成分将会被降解成新的高分子材料，降解后得到的纤维强度损伤小，可以继续作为增强材料应有的相关领域，这将大大节约化石资源和矿产资源，同时对“双碳”目标的实现作出巨大贡献。

（6）回收企业多数能力尚显不足，不满足法规需求：通过垃圾焚烧处置复合材料固体废物的企业，大多数没有回收能力，只是固废的“二传手”。这将违反《固废法》中“第三十七条　产生工业固体废物的单位委托他人运输、利用、处置工业固体废物的，应当对受托方的主体资格和技术能力进行核实，依法签订书面合同，在合同中约定污染防治要求。受托方运输、利用、处置工业固体废物，应当依照有关法律法规的规定和合同约定履行污染防治要求，并将运输、利用、处置情况告知产生工业固体废物的单位。产生工业固体废物的单位违反本条第一款规定的，除依照有关法律法规的规定予以处罚外，还应当与造成环境污染和生态破坏的受托方承担连带责任”的要求，其中产废企业将会有法律风险。

（7）阻碍纤维复合材料固体废物回收综合利用产业发展：由于目前电厂焚烧以风电叶片为代表的复合材料固体废物，其处置成本低；而综合利用企业现阶段成本高，这就导致正规回收综合利用企业面临无法收集到固体废物材料。这将从源头扼杀风电叶片等复合材料固体废物资源化利用产业发展。根本无法实现资源化利用、无害化处置。

然而，纤维复合材料再生产业的发展资源化的关键是回收物的综合利用，随着粉碎添加应用面的扩张，高值化应用完全可以实现；随着以化学降解为代表的各种技术发展，有机高分子和玻纤固体废物“吃干榨净”的模式，必将实现。

4.3 风机叶片等复合材料固体废物阶段性产业化回收技术

综上所述，对于风机叶片等大型结构复合材料固体废物，现阶段应以可产业化的再利用以及机械粉碎为主要技术手段进行回收处理。

而对于再利用技术，应确保再生利用产品的质量稳定性和可靠性，并实现批量化生产。过程中应保留应用信息、设计寿命及销售信息，做到可追溯、可查询的台账管理。保证梯次利用的可实现，避免固体废物的“变相抛弃”行为。当再生利用产品服役期满后，确保能及时回收，开展梯次利用活动，保证多次经济效益价值的实现。再利用过程所产生的边角废料应及时分类收集，并通过机械粉碎法进行处理，确保投入产出的平衡。

机械粉碎法处理复合材料固体废物，生产再生纤维、再生粉末等产品，是现阶段最基础的处理复合材料边角废料、服役期满复合材料制品的处理技术。保证再生纤维、再生粉末的质量稳定性，同规格产品的品质一致性；加大再生利用产品的高值化开发是机械粉碎法发展的基础和动力。

热解法技术现阶段主要针对碳纤维复合材料固体废物。热解法技术仍然要关注的是热解油或者热解气的处置问题。特别是作为危险废物的热解油、热解气的处理应符合国家相关法律法规。碳纤维复合材料固体废物分类管理是保证再生碳纤维制品质量稳定性、可靠性的关键所在，因此碳纤维复合材料固体废物精细化分类非常重要。继续开发再生碳纤维制品制造装备以及高值稳定的再生碳纤维制品，是长期艰巨的任务。

目前，国内建成投产、在建的以再生纤维、再生板材为主要产物的再利用、机械粉碎、热裂解企业有十余家；规划中的企业多于 20 家，包括了国内各大能源公司，如大唐电力、国家能源集团、华能、中车、国电投等，还有趋之若鹜的地方国有企业和大量的民营企业等。

5

回收商用模式篇

5.1　现阶段复合材料回收模式及存在问题

自从新《固废法》2020年9月开始实施以来，全国各地对工业一般固体废物的处置逐步开展督查，并逐渐进行规范。

复合材料固体废物产生源头，从传统产废领域分为两类：一是复合材料制造业企业；二是复合材料用户企业。2019年前，复合材料边角废料的处置，一般以政府引导填埋处置为主，企业付费，填埋到综合垃圾填埋场。有的企业为了避免发生费用或者少发生费用，会自己寻找场地，非法填埋。这个阶段也有被查处并罚款的情况。新《固废法》出台后，地方政府因土地资源有限难以规划垃圾填埋场，不支持对一般工业固体废物进行填埋处置。因此，产废企业对产生的固体废物需寻找新的出路。由于复合材料制品企业的边角废料中含有有机成分，可以作为能量利用。企业与煤电厂或垃圾焚烧发电厂合作，进行焚烧处置。由于企业众多，且每家企业的产废量小、产废量不稳定，集中收集中间商应运而生。现阶段，多数地方都有专业收集复合材料固体废物垃圾的个人或者小微企业。该模式是：产废企业出资—中间商转运—发电厂焚烧（收取部分费用）。发电厂一般采用掺烧的方式处置复合材料固体废物。这种模式中，中间商往往不具备能力和资质，存在假合同、阴阳合同的现象，目的是掩藏某些非法处置手段，应付环保督查系统检查。

有部分复合材料制造企业自己开展资源化利用。企业为了降低综合成本，购买或者研发回收处理设备，将自产复合材料固体废物粉碎后，进行复合材料制品添加应用。

5.2 风机复合材料回收合理商业模式建设

现阶段，风力发电机组用叶片等复合材料报废下线量少，基本都是以能源集团二级生产运营企业为主体，通过招投标的方式进行有偿处理。

5.2.1 现阶段几种回收商业模式

（1）招投标模式

有部分企业将退役风电机组的回收打包通过招投标进行处理。产废企业将有价值和无价值的部件进行核算，将有价值部分进行价值核算，将无价值部分进行处置费用测算，然后获取综合处理收益。打包处理存在的问题是，打包处理企业由于处理能力和资质的限制，只能处理自己能力和资质范围内的部件，对于无能力处理部件，需要分包处理，若监管不到位，易产生环境污染风险，也易造成资源浪费。

（2）拍卖模式

也有通过拍卖的模式，将退役风电机组打包处理。通过拍卖的方式，可以解决产废单位资产交割的问题，实现效益最大化。但是，仍然存在诸多隐患。参加拍卖的企业打包拍得标的后，大部分企业也需要进行二次分包处理拍得的相关资产，拍卖方式将会压缩中拍单位的利润空间，因此对于需要支付处置费用的风电叶片、废电池、废油等部件和材料以及水泥基础，将会压低回收处理的成本，增加违规、违法、不合理处理处置行为的风险。

（3）产业投资模式

叶片回收产业现阶段“虚火过旺”，各个相关行业或者投资机构对风电叶片的回收投入了极大的关注，都希望在新兴产业固废资源化利用过程中能分得一杯羹。这就导致风电叶片建设领域企业、运维以及后市场领域企业、其他固体回收及资源利用企业、复合材料回收企业等争相争取项目，开展或者计划开展投资建设。这势必造成投资分散、产业化难实现以及投资亏损的问题。

（4）政府招商引资模式

以风能清洁能源为主要产业的地方，在国家政策以及各个企业的引导下，也已经开展叶片等复合材料回收处理的招商引资活动。部分地方通过资源换投资的方式已经与相关企业签约；甚至，有些地方政府将招商引资作为任务分派给各个部门，出现多部门与企业签约，或者与多家企业签约的情况，这将造成重复建设。由于年产废量并不大，造成本来就不大的蛋糕，却要分给更多的企业，将会导致投资企业投入产出难以平衡，必将出现亏损现象，也将为违法违规处理埋下隐患。

5.2.2 叶片复合材料回收模式面临的问题

（1）违法风险

现阶段的回收处理企业中，部分企业有能力和资质，还有部分企业有资质没能力。早期叶片的回收处理非法现象严重，以分割后填埋、抛弃为主。环保部门查获后，产废单位连带责任无法避免，受到了相应处罚。后期，虽然产废单位在处理合同方面增加很多限制和责任规避的条款，但仍有部分处理企业通过“变向抛弃”的方式进行处理，产废单位的风险依然很大。目前，大多数企业都意识到叶片复合材料固体废物的环境责任和法律义务，但仍以经济利益和人情关系为基点处理叶片复合材料固体废物，对回收处理企业的监管不到位或睁一只眼闭一只眼，做不到可追溯、可查询，仍存在违法风险。所有的非法处理，最终都难辞其咎。

（2）固废产权归属问题

退役风力发电机组固体废物的产权单位一般是开发商（能源公司），固体废物的处置将面临资产产权的交割。随着“以大代小”提质增效活动的开展，服役期 15 年的风电机组可以拆解下线，更换高效率的大功率风电机组。随之而来的是并未到寿命周期的产品资产如何处置的问题。如果处置不当，将会面临资产贬值和资产流失。特别是央企、国企所掌握的都是国有资产，如何评价、评估产品的残余寿命以及资产残值变得尤为重要。因此，很多开发商在处置下线风机，特别是“以大换小”的下线风机时，尤为谨慎。也正是基于此种原因，各开发商开始研究、开发叶片等复合材料回收产业化技术或者开展开发技术的整合合作，以保证资产不流出，避免相关风险。例如，龙源集团、大唐集团、国电投等已经安排任务、组建团队，开展相关工作。目前，各开发商正在积极开展下线风机评价评估的标准体系建设，以便解决上述问题，为风电机组固体废物的处置扫清障碍。

5.2.3 风电叶片合理商业模式建设

根据第 3 章风力发电机组的装机以及叶片分区域逐年产废量的情况分析数据，以及本章所展示的现阶段的各种商业模式情况的分析，可以看出风电叶片等复合材料回收再利用并非是通过简单投资和良好的客户关系就能实现产业化。

首先我们已经清楚叶片等复合材料总量只占有复合材料总产量的 5% 左右；其次，叶片下线将从时间轴上纵跨 20 年；再次，从地域空间上讲，叶片下线将分布在全国各个省的不同地区和不同风场；最后，从开发商掌握固体废物资源上分析，每年、每个地域、每个风场、每个开发商的年产废量将及其微小。若是开发商自己开展叶片回收及资源化利用，势必面临处理量不足，重复投资，难以实现规模化、产业化，无法实现系统性梯次利用价值。同时，将会造成经济效益锐减、人力及社会资源极大浪费、无法规模节约化石能源资源和矿物资源、难以实现规模化碳减排的情况。

鉴于此，对于叶片等复合材料回收资源化利用，应重点考虑以下因素，进行统筹规划，以建立适应于本地资源化利用产业的回收技术。

（1）应以地方政府主导为主；地方政府之间协调统一，避免多头招商引资，避免因不必要的竞争影响回收产业规模化发展；

（2）开发商横向联合或者资源互换，开发商与回收技术企业纵向联合，组建回收处理以及资源再利用公司；

（3）以一定的地域范围为基础（比如半径 300km 区域），对叶片等复合材料固体废物逐年下线量进行测算；

（4）分阶段建设叶片等复合材料固体废物回收生产线；

（5）综合利用以当地带动、支持和服务当地产业为主。

根据上述因素的统筹分析，分阶段投资建设回收生产线，不断开发高值化综合利用产品，形成产业规模，解决当地就业问题；实现规模经济效益及利税的增加；同时，再生利用产品产业化形成新的经济增长点，也可以实现碳减排，为地方减碳以及碳交易作出贡献。

5.3 复合材料不同产废领域回收合理商用模式

复合材料固体废物回收资源化利用，根据不同的产废领域、产废量、产废性质将会建立不同的固废处理模式。

复合材料制造工艺有多种，如拉挤工艺、缠绕工艺、模压工艺、手糊工艺、真空导入工艺、LFT-D 工艺等。各种工艺及产品所用基体材料有所不同，如不饱和聚酯树脂、乙烯基酯树脂、环氧树脂、聚氨酯树脂、PP、PA 等。各种工艺所用增强材料性质及形态有所不同，如连续纤维、纤维织物（布、毡、3D 织物等）、短切纤维等，包括了玻璃纤维、碳纤维、玄武岩纤维等。

应用领域的产品根据结构和功能不同，分为建筑及防腐平台类拉挤型材；给排水、化工防腐用缠绕管道；食品、医药中间体、化工产、水处理用罐体；绝缘用棒材、模压产品；体育用品、市政产品；汽车覆盖件及结构件等；高铁内饰、车头等；军工产品等；游船、游艇、渔船以及轮船用复合材料管道等。

不同结构和用途、不同基体材料和增强材料的产品，在回收处理技术上的要求是不同的。产废源头以及固体性质的不同，对商业模式的影响较大。

5.3.1 制造业企业“无废工厂”模式

对于拥有 SMC/BMC 模压工艺技术的企业，可以由企业根据产废量建立环保粉碎生产线，生产出再生纤维和（或）再生粉末，作为填料或者增强材料添加到 SMC/BMC 工艺产品中进行应用，既节约了成本，又实现了固废不出厂的处理和应用，解决了环保问题。

现阶段已经有企业生产出小型粉碎机，可以实现制造业企业边角废料及报废产品的回收资源化利用。

5.3.2 复合材料制造业产业集中地集中处理模式

我国复合材料制造业产业遍布全国各个省份，但是最为集中的区域为长三角、珠三角以及中原地区。以江苏省常州周边区域、广东省深圳周边区域、山东德州和安丘、河北衡水、河南泌阳等，都是我国复合材料制造业产业集中地。各产业集中地复合材料制造工艺也各有不同。如衡水地区以缠绕工艺为主；德州地区以模压和缠绕工艺为主；江苏省以拉挤工艺、模压工艺为主；广东番禺早期以手糊工艺为主，现在深圳周边各种工艺较为齐全；泌阳地区早期以手糊为主，现在模压、真空导入、缠绕、拉挤等工艺也都普遍应用。

因此，针对各产业集中地，建设适用于当地复合材料边角废料和报废产品的回收处理集中式中心，较为合理。

应由当地相关部门统一协调，集中产废单位的固体废物，并根据每年产废量以及产废性质，统一定价，建立以粉碎为主的回收生产线，生产再生纤维和再生粉末。再生纤维可以通过 BMC 添加替代部分原丝纤维，以降低产品成本；也可以生产增强塑料颗粒，作为材料进行销售；或者添加到其他产品中，以实现其高价值。

该模式不仅可以解决当地复合材料企业产废的处置问题，又可实现新的经济增长点，并有利于当地产业碳减排活动，为当地碳配额作出贡献。

5.3.3 复合材料制品应用集中领域回收模式

复合材料产品应用到国民经济的各个领域，每个领域各有特点。风电叶片虽然分散，但其产业集中度较高。高铁内饰、车头以及其他复合材料等也是较为集中的应用领域，而且其下线集中度高。汽车用复合材料虽然销售后分散在全国各地，但在寿命终结后，需进入汽车拆解厂集中拆解，也有其区域集中的特点。电子线路板和汽车拆解类似，最终被集中在电子线路板回收企业。电力绝缘类产品，应用在全国各地，但其下线后应集中在当地电力维修企业。渔船、游船、游艇由于分别属于不同的部门管辖，其下线后分属不同部门处置，但其特点和叶片类似，体积庞大而分散在不用的地域。化工、食品、医药等不同的应用领域，因为分散在全国各地，体积庞大，而且涉嫌危废，其处理处置需要增加危废处置环节，较为麻烦。

另外，由于不同应用领域产品的工艺也有不同，导致下线后固体废物的性质也有不同，对于回收技术的选择也应该不同。

例如汽车、高铁领域产品一般都是 SMC 产品，其含有大量的 $CaCO_3$（超过

50%），玻璃纤维含量仅有 15% ～ 25%；树脂含量仅有 20% 左右，所以以再生纤维为主要用途的回收技术适用性差。SMC 产品用热解工艺处理也不合适，因为 SMC 产品树脂含量少，$CaCO_3$ 含量大，其分解后将会产生大量的 CO_2。若通过粉碎处理，将产品磨碎成 200 目左右的粉末，作为复合材料填料、塑料母粒填料、木塑板填料等进行添加利用较为合适。回收处理企业可以与众多的汽车拆解厂家联合，收集处理汽车用复合材料零部件，既解决了拆解厂复合材料固体废物难以处理、无价值的问题，又可以增加固废资源、产生新的价值，制造低碳产品。该种商业模式，可以在全行业里复制。

电子线路板是由环氧树脂和电子玻璃布组成，树脂含量 30% 左右，纤维含量 70% 左右，而且纤维的直径在 6~9 μ m 左右，强度高；而电子线路板中含有多溴联苯和多溴联苯醚，属于危险废物，因此，不适合热解工艺。采用机械粉碎产生再生纤维、再生粉末添加利用更好。电子线路板回收企业可以与回收技术企业合作建立线路板粉末的回收处理生产线，以及再利用生产线，可以制造纤塑板材，作为户外地板等应用。也可以作为抗裂砂浆应用到道桥建设领域。高值化固体废物资源化利用的合作模式可以在电子线路板回收领域进行推广。

其他较为分散诸如游船、游艇、渔船将根据产品下线区域和下线量，在周边地区配置距离较近的回收企业资源进行处置。

而对于涉及化工防腐类产品，由于分散而量少，却又涉及危险废物，因此作为一般固体废物处置前，必须将危险废物清洗、清除。现阶段还没有大量的此类产品下线，在今后的发展过程中根据具体情况再做研究。

5.3.4 “多废协同”产业园区协同处置

复合材料回收应用主要有两个内容，一是增强类纤维的应用，二是有机高分子基体树脂的回收再利用。再生纤维的应用主要以增强材料作为功能材料进行添加利用。

我国“十四五”期间，支持固体废物的资源再利用，涉及各种材料品类的再利用。如废旧钢铁、废塑料、大宗尾矿、粉煤灰、木材、秸秆、废旧纺织品、橡胶轮胎、建筑垃圾、家电、大件家具、生活垃圾、复合材料等。“无废城市”“废旧物资回收再利用产业园区”“循环经济产业园区”等的建设，都以挖掘“城市矿产”，解决农村农业固废，实现不可再生资源能源的节约、降低碳排放量为目的，是实现碳达峰碳中和的关键举措。

目前，我国支持的60个废旧物资循环利用试点城市，已经建设或者正在建设的废旧物资资源再利用园区，无论是专业领域回收处置园区，还是综合类园区，都是为了实现上述废旧物资的循环利用或者资源化利用。

复合材料回收所产生的再生纤维、再生粉末，在资源化综合利用时，均可与家电拆解的再生塑料、废塑料、木材与秸秆、建筑垃圾、废旧纺织品、大件家具等形成多源头固体废物开展协同处置和综合利用。多种废物的添加、复合应用，不但能增加再生利用产品的功能、提高性能，更能提升利用价值。

同时，“多废协同”固体废物资源再利用，也可以解决园区内“小循环”和协同处置。如：汽车拆解、动力电池拆解、家具拆解以及其他含有复合材料零部件的产品拆解，其拆解下来的复合材料制品，可以作为复合材料固体废物回收来源，解决了之前无法处置的问题；同时，复合材料回收产生的再生纤维、再生粉末与家电拆解、汽车拆解、废纺回收产生的再生塑料，以及木材、家具、秸秆回收产生的木纤维，可以实现协同综合利用。在园区内可延长资源利用产业链，增加了当地固定资产的投资和人员就业岗位，产生了新的经济增长点，为碳减排提出了新的解决方案。

与各地资源再利用园区的合作，建立新兴产业固废回收及资源化利用产业的模式，可以根据当地产业状况进行规划，该模式也便于复制。

5.4 复合材料回收企业建设条件

作为新兴产业固废，纤维复合材料受到各个领域的关注，特别是风电叶片回收。建设复合材料回收企业，首先要关注投资环境和建设条件，投资环境主要指产业发展环境、政府政策环境以及商业环境、固废回收企业建设环境；建设条件包括了固体资源来源、体量、回收技术及装备、再生产品市场消纳及价值、环保排放、安全、人员等条件。

产业发展环境需要关注当地复合材料制造业规模、复合材料制品的应用量以及下线时间，当地政府“十四五”规划是不是支持复合材料固体废物资源利用产业的发展。

政府政策环境需要关注当地地方政策对纤维复合材料回收产业的支持情况、生态环境部门对固废废物排放的限制和督查情况、发展改革委和工信部门对纤维复合材料产业的支持政策以及各地方现阶段对纤维复合材料处理、处置要求和现状。若现阶段以处置为主，没有科学合理、高效、高价值应用的企业，而且，政府有具体政策支持，就有建设的政府环境。

商业环境需要关注的是当地复合材料制造业产业现阶段处理处置模式，价格以及再生产品的销售价值及价格，当地再利用产品的消纳和再回首的容量和可能性；同时，考虑市场竞争情况。需要与政府、产废单位进行多方沟通，设计出合理可行的可持续发展商业模式。

首先，要明确回收或综合利用技术工艺、装备满足环保、安全等方面国家法律法规以及地方法规的要求，满足建设规范的要求，同时，满足《纤维复合材料回收技术规范》等国家或者行业标准规范的要求。

其次，要对当地复合材料固体废物资源的年产量、固体废物基体材料性质和形态、产生固体废物的工艺技术进行调研，以便确定回收技术工艺、建设规模、再生产品应用领域等。

再次，对回收技术装备及工艺及成本、回收固废资源的收益、建设成本、再生产品资源利用收益等进行测算，以便测算投资收益率及盈亏平衡点等。

最后，对于人才队伍的建设也非常关键，这是项目开展、企业运营、技术研发、新产品开发、生产制造的基础。

建设企业应符合以下基本条件：

企业应符合环境影响评价、安全生产评价和职业卫生健康评价的要求。

环境影响评价应符合《建设项目环境影响评价技术导则总纲》（HJ 2.1—2016）的规定。

对于热解法与化学降解法企业，应完成安全生产评价应符合《安全评价通则》（AQ 8001）的规定。

企业环境管理应符合《环境管理体系　要求及使用指南》（GB/T 24001—2016）的规定。

职业卫生健康应符合《职业健康安全管理体系　要求及使用指南》（GB/T 45001—2020）的规定。

国家关于一般工业固体废物相关规定及要求。

回收处理企业的工厂应由具备工程设计资质的单位设计；废弃纤维复合材料贮存场、再生物料存放区、处理设备车间、综合利用车间等应分区设计。

热解、化学降解生产装置应分别设置在不同的车间，保持安全距离。

建筑物及各功能场所、设备应符合《粉尘防爆安全规程》（GB 15577—2018）、《建筑设计防火规范》（GB 50016—2014）、《爆炸危险环境电力装置设计规范》（GB 50058—2014）的要求。

工厂噪声排放应符合《工业企业厂界环境噪声排放标准》（GB 12348—2008）的要求。

复合材料回收企业建设关注点：由于纤维复合材料固体废物资源再利用产业初期的效益价值低，现阶段应以处理和消纳为主。为了降低成本，应以企业自身处理消化为主。

对于产业集群地，建立集中式处理中心较为合理，同时配套固废资源再利用的项目，逐步实现全产业链的固体废物资源化的产业发展。

对于制造企业，若能自行消化边角废料，建议建设小型环保回收生产线，且应符合国家及当地法规及政策要求。例如：对于拥有 SMC、BMC 制造工艺的企业，可以建设小型的粉碎线，将边角废料磨碎成高于 60 目的粉末，进行 SMC、BMC 工艺添加，添加量不大于 10%，应不影响产品质量（需要企业自行完成试验验证）；也可以提取短再生纤维，在复合材料制品中添加利用。

对于集中式回收再利用中心，应满足年 6000t 的产能和收集量，并配套再生纤维、再生粉末的再生利用产品的生产线。场地、厂房、生产工艺、设备等需要满足环保及安全、高质量、自动化智能化的要求。

6

前沿技术发展

复合材料固体废物回收技术从 20 世纪 70 年代开始关注，到 2000 年前后，开始实质性项目研究；2010 年前后，开始产业化回收技术的研究；2018 年前后，出现了产业化装备，进入实质推广阶段；现阶段产业化技术基本成熟，开始产业化布局。

回收技术从机械粉碎、分割再利用、热裂解、化学降解、机械 - 化学法、键交换法，到源头解决问题的可降解基体材料等研究过程，是从表观到分子结构由表及里的技术研发路线。

早期回收技术的出发点是主动粉碎，粉碎产物寻找再利用方向。现阶段是由再利用产品以及产业应用方向，对粉碎装备及粉碎产物提出要求。从早期的处理固废，到现阶段的高值化利用，由处理企业确定再生产物，转向了利用企业提出再生产品的要求，实现了角色转化，丰富了回收技术的设计输入内容；同时更关注回收成本和再利用价值。

6.1 国外回收技术发展情况

从第 4 章国外回收技术情况可以看出，现阶段国外以水泥窑协同处置、机械粉碎为主，但各个组织和专家都不认为水泥窑协同处置是最佳方案。以日本、德国、英国、美国等为代表，都在开展以降解基体树脂为主的回收技术研究。基体材料的降解又以热解、化学降解为主要研发路径。

日本松下在多年前就研究以超临界水为介质的降解技术，降解条件以 430℃，压力 20MPa 为主，可以将树脂基体降解后，将增强材料进行回收。但是其降解成本过高、效率较低，产业化难以实现。英国 ELG 的热裂解技术主要是对碳纤维制品进行回收再利用。

经过调研，国外大学和相关集团企业，正在组织团队积极开展以降解为主的回收技术及装备的研发，前沿技术以化学降解、可循环树脂基体研究、可降解基体树脂研究为主。

6.2　我国前沿回收技术发展方向

复合材料回收技术的发展原则是高值化、资源化、无害化和“吃干榨净”。现阶段复合材料回收以物理法分割、粉碎等为主，进行再次利用和再生纤维的添加利用为主，树脂粉末也只能作为填料低值化应用。再生纤维的应用，已经逐步开发并趋于成熟，高值化的应用也越来越多。新的产业发展技术，转移到高分子材料的高值化、无害化、低成本、高效率的回收技术方面。

热固性树脂材料是高分子材料，是经过石油炼化、分离、提取、聚合等一系列工艺手段加工得到，使用了大量的石油化工能源和资源。如果能将高分子材料从热固性复合材料中分离、提取出来，还原成原高分子材料，或者降解后得到新的高分子、小分子材料，那将会为石油能源、资源的节约作出巨大的贡献。如果回收过程成本不高于原高分子生产成本，获得产品能再加工成新的产品，将会在不增加石油开采的基础上，产生巨大的资源和经济效益。同时，将会为碳减排作出巨大贡献。

我国高校以及研究团队积极开展以塑料、轮胎、复合材料为代表的高分子材料固体废物的降解技术研究。以四川大学、哈尔滨工业大学、浙江大学、南京大学、江南大学、山西煤炭化工研究所、中科院宁波所、中科院过程所、国家能源集团低碳研究院、上纬新材料有限公司、天津朗升科技等为代表的高校、研究所、企业都在开展高效率、高价值的化学降解、升值回收的产业化项目研究工作。各个团队从塑料、废旧纺织品、热固性树脂的降解开展工作，已经在实验室阶段取得了相应的成果，实现产业化指日可待。

从化学降解以及源头高分子材料设计开始，有不同的技术路线。产业化前沿技术开发包含了以下内容。

6.2.1 存量复合材料固体废物化学降解技术产业化研究

该研究旨在解决现阶段热固性复合材料固体废物中基体树脂的降解。降解介质和工艺条件的不同，导致所降解出的产物各异。所得产品的形态、种类、性质、功能以及效率都有不同，因此，如何实现可产业化的成果转化较为关键，降解产物的价值以及消纳应用更为关键。产业化关键技术在于自动化、智能化的技术装备，以及提纯技术装备的研究，而这恰恰是降解团队的短板，因此积极对接化工装备设计制造企业是急需开展的工作。

化学降解根据不同的技术，可分为完全降解分离技术和键交换半降解技术。

顾名思义完全降解分离技术，是将有机成分完全降解并将增强材料和填料分离出来的技术。而键交换半降解技术，是通过键交换的方式，实现高分子材料的降解，并不必将纤维增强材料提取，获得纤维增强预浸料的技术。

总结化学降解技术关键突破点如下：

◆ 低成本、可循环利用、无毒、低挥发性的降解介质的研究；

◆ 温和条件下的高效降解工艺技术研究；

◆ 产业化降解、纤维及填料分离自动化、智能化装备研究（3000 吨 / 年）；

◆ 降解产物分离、提纯产业化技术研究；

◆ 降解产物高价值应用技术研究；

◆ 键交换技术需从降解后材料性能的保留率的提高来开展工作；

◆ 键交换技术的低成本、高效率化研究。

6.2.2 源头解决：可循环或可降解树脂研究

建设资源节约化社会，开展固体废物“减量化、无害化、资源化”处理，是现阶段我国资源再利用法规以及产业政策的基础。真正实现资源节约、重复利用的关键在源头设计。在产品设计时，就考虑全寿命周期设计，考虑服役期满后回收再利用的解决方案。复合材料制品是由树脂和增强材料以及填料组成，无机非金属材料的回收利用无须分解或者降解，只需将其分离出来进行二次利用即可；而树脂等有机成分粉碎后价值较低，若是在产品寿命周期结束后，能将其还原、降解成特定的高分子材料，是最好的资源重复利用的方案。

（1）可重复树脂基体研究

可重复材料一般指产品经过回收处理后，能收回与原始材料分子结构一致的原材料。一般热塑性基体树脂具有可重复性；热固性基体树脂的可重复性正在研究。可重复性树脂的应用，可以完全实现基体树脂的重复循环利用，具有节约不可再生资源的作用以及极高的社会经济效益价值。

然而，可重复树脂基体复合材料也应考虑树脂基本性能、受紫外线影响以及工作环境条件对高分子材料的影响，应考虑回收后的对已损坏的高分子链的修复。可重复树脂二次应用时的性能保持率应不低于98%。

（2）可降解树脂研究

与可重复树脂唯一的不同是，可降解树脂在降解时，打开经过设计的特定键，形成两种以上高分子或小分子产物，然后将高分子或小分子产物分离出来进行再利用。

通过在聚合物网络中引入动态可逆的共价键，形成动态共价交联聚合物，可以使其具有热塑性材料的重塑性和热固性材料的优异机械强度等优点。通过在树脂单体中引入动态键，制备可回收树脂，可以有效实现树脂材料的可回收及可循环使用的目的。

我国已经设计开发出一种可回收再重复利用的环氧树脂，即在环氧树脂结构中导入乙酰乙酸酯单体化合物，配方结构透过胺类固化剂固化完成后的热固性树脂材料具有可降解能力，固化后的固化物会产生动态酰胺键，同时保留部分的不可逆化学键结构。固化物在碱性环境下与胺类化合物加热可透过动态酰胺键结达到分解效果，进而达成回收之目标。

该环氧树脂与胺类固化剂混合后与纤维结合，固化后会成为高强度性能的热固性复合材料，这一热固性复合材料通过降解介质和加热过程破坏动态酰胺键达到分解效果，分离出来的降解液与回收纤维皆可以再利用，达到绿色循环经济效益。

与通用树脂相比，可降解树脂再处理阶段较传统树脂通常的焚烧处理方式，碳排放量有显著下降，10t树脂的处理碳排放仅535kg-CO_2e，较现有产品的10700kg-CO_2e降低99.5%。从全生命周期碳排放的角度衡量，可降解树脂较现有产碳排放降低89%。

（3）键交换技术研究发展

2011 年，法国科学院院士 L.Leibler 团队在 Science 上发表论文，他们以环氧单体与多元酸反应，合成了酯键交联的热固性环氧树脂，使其在一定温度条件以上且有酯交换催化剂存在时，网络拓扑结构可以发生重排，从而实现了热固性树脂的再加工。在此类研究的基础上，浙江大学的江永波等发展出可控催化活化再生产业技术，并完成产业化中试。此技术不同以往利用化学降解将复合材料中高分子完全分解成小分子，而是将其中聚合物中的酯键在酯交换催化剂的作用下，其交联结构在外力作用下被水、小分子醇或小分子酸打断，使网络结构表面部分降解成线性高分子，使其具备一定的热加工性能，以提高废料的再生利用附加值。此技术的价值在于其适用所有含有酯键的交联复合材料体系，包括环氧树脂、聚氨酯树脂及不饱和聚酯等复合材料常用体系；改性后能使惰性再生颗粒表面具备热黏结性能及加工性，能在后期运用中代替部分黏结剂的用量，同时其未改性的刚性内部结构具备骨架作用，使其在制备如透气材料、粉末涂料等领域具有特殊作用。

6.2.3 高值化再生利用产品深入研究

复合材料固体废物回收产业的健康可持续发展，关键是再生产品的资源化利用。主要包括再生纤维、再生板材、再生粉末、再生高分子材料、再生填料等。再生产品中现阶段主要应用价值是再生纤维以及再生板材等，再生纤维的应用价值根据不同的应用场景各有不同，从每吨几十元到 3000 元价格不等，与原生纤维 6000 ～ 10000 元 / 吨的价格相差较大。以叶片为代表的大型结构产品中有不同材料的部件，经拆解分割后可加工成再生板材或者其他功能性再生产品。再生板材的应用以最终产品的需求和技术要求为导向，需要各应用单位或产品开发单位开展深入的研究、设计。再生板材设计、应用应最大限度消纳固废产品，做到材尽其用、分割设备自动化和低成本化。现阶段再生高分子材料技术还未实现产业化，需要各研究单位在研发初期，考虑降解产物的应用市场及应用价值，需各研发机构加大研发投入，深入开展研究活动。

因此，持续开展再生产品的高价值化应用研究非常关键和必要。再生产品高价值化实现涉及分类管理、回收技术、回收技术装备、再生产品稳定性、再生产品性能、再生产品价值和社会效益以及产业化应用领域等各个环节。因此，建立系统性研究团队，或者开展横向和纵向联合系统性研究工作，降低研究成本、提高研究效率，并持续开展梯次利用研究和低碳研究，最终实现复合材料固体废物变废为宝，彻底改变“热固性复合材料不可回收”的认知和现状。

6.2.4 再生产品功能化

再生产品具有碳减排功能以及资源节约的优势，是国家乃至全球的政策支持和市场发展方向。虽然再生产品是以固体废物回收利用为依托，但是从底层逻辑上讲，其仍是被浪费、被丢弃的资源，需要我们从思想深处摒弃其废物的属性，就像选矿一样，废弃物就如矿石，我们从废弃物中找到可用的东西，就是资源化。再生产品不是固体废物，而是产品。对再生产品进行功能性研究，了解清楚不同回收技术生产的再生产品的形态、物理性能、化学性能、电性能、界面性能等，是拓展应用领域的基础。根据不同性能研究开发出不同功能的应用产品，是实现高值化的基础。

根据不同再生产品，开发适宜的再生利用技术是提高再生产品价值的必由之路。例如：再生板材可以通过裁切、再加工等制作成各种箱体类、绝缘类、保温类、建筑类、防腐类等产品，建设批量化、低成本、标准化工艺技术生产线是保证产品质量稳定的关键。工艺技术的研究将带动技术装备的研究，既是提高再生产品高值化的手段，又是新的经济增长点。

鼓励再生产品向绝缘产品、建筑产品、防腐产品、交通运输、隔声产品、体育用品等应用方向开展深入研究；同时，开展相应产品的产业化工艺技术及装备研究。再生产品功能化是改变其“废物”属性的关键，是实现产品真实价值化的关键。

6.2.5 再生产品应用要求精准化

回收固体废物的性质不同（基体树脂及含量不同，增强纤维形态、性质及含量不同等）、形态不同、结构不同等导致再生产品各异；再生产品的尺寸稳定性、含量稳定性、杂质率、表面状态也各有不同。为了保证再生利用产品可靠性以及产品质量稳定性，应对再生产品的性质、性能提出更为细致、精准的要求。

复合材料回收产业可持续发展的下一阶段任务在于再生纤维、再生高分子材料，以及再生板材的高价值化应用研究。深入开展应用研究，必须对再生产品的性质、性能、形态进行精准控制；对再生产品的添加量、界面性能、工艺技术、工艺装备等进行科学细致的研究。在应用中对再生产品提出要求，是对回收技术和装备科学发展的引导，是保证回收产品质量稳定性的依据。

6.2.6 再生产品质量稳定性、可靠性研究

现阶段固体废物收集、回收技术和装备，应确保所生产出再生产品的质量稳定性和可靠性。

首先，应该在固体废物收集的过程，保证精准分类，将不同基体、不同增强材料的固体废物根据相关行业标准的要求进行分类管理，确保性质相同的材料统一归类。

其次，机械粉碎装置应能将粉末和纤维进行分离，并将纤维根据不同长度进行分级分选。因回收的固体废物来源广泛、性质不同，其纤维含量、树脂含量、填料含量等具有差异性，若不能将再生纤维与粉末进行分离，将会导致批量产品中再生纤维的含量差异化较大，很难保证下游再生利用产品添加利用时的质量稳定和性能可靠。

再生纤维是具有高价值的增强材料或功能添加粉料，应根据应用需求尽量减少杂质含量（树脂残留、填料残余等）；若需要再生纤维和再生粉末共同应用，也应将再生纤维与再生粉末分离后，再根据需求进行混配，以保证纤维含量的稳定性。

最后，热解、化学降解所产生的高分子、小分子化学品，应进行充分分离，并减少每一组分的杂质含量。再生化学产品在应用过程中是需要进行化学反应的，其纯度对反应过程以及最终产品质量影响较大。控制降解过程以及分离、提纯过程，获取高精度、高纯度的化学品，是高值化利用的关键。

7

回收产业布局及产业规划

我国复合材料产量居全球第一，占全球 50% 以上，累计产量超过 9000 万吨。复合材料产业从 1958 年第一块复合材料研制成功，到 20 世纪 80 年代逐步发展，经历了从手糊工艺产品冷却塔、水箱、各类壳体，到模压工艺产品水箱板、汽车零部件，到机械装备缠绕工艺的管道、储罐，以及拉挤工艺型材、真空辅助大型制品等发展过程。批量产品从 20 世纪 80 年代到现在，经过了 40 多年，其中部分产品已经退役，大部分产品即将退役，面临回收及资源化利用的现实问题。

“十四五”规划中，废旧物资资源化再利用，建设节约型社会，以及“3060”双碳目标，都是重点发展方向。在复合材料固体废物即将大规模退役的情况下，顺应国家产业政策支持方向和要求，顺势而为，建立复合材料回收体系，解决复合材料固体废物资源化利用的问题，为“双碳”目标的实现，节约化石能源、资源，贡献行业的力量。

7.1 回收系统体系建设

根据不同产废领域的特点，分门别类、分阶段建立复合材料固体废物收集、转移、分类存放、处理、再生产品分选分类、再生产品高价值化应用以及跟踪体系，是实现复合材料固体废物绿色低碳可持续发展的根本。

复合材料制品生产企业边角废料应从分类、收集、贮存、处理、再生产品利用、梯次利益、碳减排核算、碳交易等方面建立回收体系。

回收体系建设的依据是《中华人民共和国固体废物污染环境防治法》以及国家相关部委对废旧物资回收再利用的相关支持性政策。

第一，建设复合材料固体废物回收的分类管理体系。根据生态环境部出台的

《固体废物分类目录》以及行业标准《纤维复合材料固体废物分类管理指南》的要求，开展培训宣贯工作，推动企业开展纤维复合材料固体废物的分类管理活动；同时，指导企业根据生态环境部发布的《一般工业固体废物管理台账制定指南（试行）》的要求，建立固体废物管理台账，逐步建立从产废环节、转运环节、贮存环节到处理环节等的规范分类、标识以及台账体系。

第二，开展回收处理的规范和认证体系建设。根据《废弃纤维复合材料回收技术规范》或《风力发电机组用叶片等复合材料回收技术规范》等标准的要求，规范和引导回收处理单位的环境、能耗、技术要求以及对固体废物原料提出科学合理的要求，并逐步开展认证体系建设，对回收技术装备和生产线以及再生产品开展认证工作。对通过认证的企业，申请国家财政部增值税退税政策。引导和鼓励回收技术企业积极提升回收产业技术的低碳智能化，保证再生产品的质量稳定性和可靠性。

第三，建立再生利用产品应用标准化体系。再生产品在下游应用时，无论是开发出的新产品，还是对标替代其他成熟产品，都应保证再生利用产品的品质，应满足已有产品标准的要求。对于替代产品，应建立该类产品的添加、再利用的工艺技术规范标准或者再生利用产品标准，避免不合规或无标准可依导致的产品质量参差不齐，影响回收产业稳定可持续发展。对于新开发产品，应建立新工艺技术规范类以及产品类标准，保证产品的质量可靠性和发展可持续性。

第四，建立复合材料回收体系碳足迹及碳核算标准体系。为了实现碳减排核算、评价以及碳交易，建立不同回收技术的碳足迹核算标准，以及评价标准体系；建立再生利用产品的碳足迹核算及评价标准体系，实现复合材料回收产业的低碳发展要求以及碳减排贡献数字化要求，最终建立“负碳池”，实现碳交易。

7.2　全国复合材料回收产业布局

复合材料固体废物产废领域和地域不同，导致其产废量、产废形态、收集模式、回收处理技术、再生利用方向等均有差异。因此，应科学综合分析，确定回收处理项目的合理布局。初步分析，应根据产废地域和产废集中领域进行产业布局。

7.2.1 重点产废大省建设集中式复合材料固体废物回收处理中心

我国复合材料制造业集中大省有：江苏、广东、山东、安徽、河北、河南等。这些省份拥有大量的复合材料制造业企业以及复合材料制品应用企业，制造业企业的边角废料持续产生，目前以电厂焚烧处置为主，不仅存在环境污染隐患，同时存在安全隐患，并且增加了碳排放。通过固体废物回收处理并资源化利用，不仅实现了地方新的经济增长点，增加了劳动岗位；同时，解决了环境污染问题；更重要的是实现了碳减排，节约了不可再生的化石能源、资源以及矿物资源。

以江苏省为例：江苏省每年制造业企业的复合材料边角废料及报废产品固体废物约 8 万吨。根据产废集中的常州、无锡、南京、淮北地区的产废量以及固体废物经济的运输半径，确定集中处理中心的地点和数量。通过省生态环境厅、发改厅以及工信厅的协调研究，建立回收网络体系，考虑再生产品应用的产业方向，选择合适的复合材料固体废物回收技术和产业化落地点。建议各个省厅部门，制定相关的鼓励类政策，支持复合材料回收产业规模化的发展；同时，制定避免环境污染以及恶性竞争的限制类政策或地方法规，避免有限的复合材料固体废物资源的分散处理和产业无序发展，最终实现江苏省复合材料固体废物的集中处理及资源化综合利用。以处理量 2 万吨的回收中心测算，应建立 4 个回收处理中心。

其他产废大省的回收产业布局，与江苏省雷同。

7.2.2 特殊产废领域建立集中式回收处理中心

以风电叶片、高铁、汽车拆解等为代表的复合材料产品集中应用行业的下线产品固体废物的处理，可以与各省固体处理中心协同处理，也可以根据行业产废特点，开展行业集中处理模式。

（1）风力发电机组用叶片等复合材料固体废物回收处理中心

风力发电机其产废量仅占复合材料领域的 5% 左右，而且分散在全国各地；虽然已经装机超过 3 亿千瓦，但从 2004 年到 2021 年，历时 17 年时间；各省风场装机又由多个开发商共同开发，资产归属为各个开发商。因此，叶片等复合材料固体废物资源分散到开发商手中，且各地区每年的下线量极少。若不集中处理，很难形成复合材料固体废物的产业化资源利用，势必增加重复建设和投资、增加回收处理成本，难以实现产业化资源再利用。这将导致回收产业经济效益难以增长以及回收产业技术发展的滞后，并阻碍回收产业低碳发展。

因此，建立以省为单位的叶片回收处理中心，将各开发商的固体废物资源集中处理，选择合理的回收产业技术，开发有利于当地消化的产业化再利用产品，是较为合理的模式。既能解决当地复合材料固体废物污染环境的问题，又可以实现当地新的经济增长点，同时，对当地双碳目标的实现，起到关键支持作用。

由各省生态环境厅、发展改革委等部门组织，根据地区年产废量以及发展情况，组织产废单位和回收处理企业，共同研讨确定叶片回收处理中心的位置、覆盖半径以及生产线处理量、阶段性发展规划等，较为合理。

（2）高铁、汽车拆解等领域回收产业模式

高铁、汽车拆解产生的复合材料，因其产品工艺及材料组成的特殊性，建立独立回收再利用体系较为合理。

高铁、汽车用复合材料基本是 SMC 工艺技术产品，其碳酸钙（$CaCO_3$）、氢氧化铝［$Al(OH)_3$］等无机材料含量超过 50%，有机树脂含量 17% ～ 25%，玻璃纤维增强材料含量 20% 左右。由于含有大量的无机非金属矿物材料，有机成分含量少，若采用热降解、化学降解工艺技术进行回收处理，将会分解碳酸钙，造成大量碳排放。因此，该类产品建议采用机械粉碎法进行处理。再生粉末以及分离出来的再生纤维作为复合材料、塑料添加应用价值更高。

高铁、汽车拆解行业的集中度较高，可以建立自己体系内的复合材料回收生产线。当然，根据产废量建立回收再利用体系，避免投入产出比较小的处理中心较为关键。

这就需要高铁公司根据车辆回收维修的情况，确定产废量较大的地区，以及其他高分子材料（如座椅泡沫、座椅无纺布、窗帘、其他塑料制品等）回收再利用综合处理情况，根据产废周期分阶段建立“多废协同”处理中心建设总体规划。

汽车拆解企业根据企业复合材料产废量、塑料产品产废量，建立自己的回收再利用的“多废协同”处理中心，把复合材料再生粉末、废塑料、再生纤维多种废物协同处理，制造再生塑料母粒和再生增强塑料。若将油漆分离技术植入，其效益价值更高。

7.2.3 循环经济产业园区（资源再利用园区等）建立回收处理中心

在“十二五”“十三五”时期,国家鼓励建设了地方循环经济园区,主要以钢铁、水泥、玻璃、家电拆解、废塑料等为主，或者以专业特性为主的产业园区。在“十四五”期间，2022 年 1 月，由国家发展改革委等七部委联合发布了《关于组织开展废旧物资循环利用体系示范城市建设的通知》（发改办环资〔2022〕35 号），进一步推动了固废处理行业发展和“无废城市”示范建设。同年 7 月份，国家发展改革委办公厅等发布《关于印发废旧物资循环利用体系建设重点城市名单的通知》（发改办环资〔2022〕649 号）（见附件）中明确了 60 个试点城市名单（表 7-1）。

表 7–1　60 个试点城市名单

地区	重点城市	地区	重点城市
北京市	北京市	湖北省	武汉市、宜昌市、荆门市
天津市	天津市	湖南省	长沙市、湘潭市、衡阳市
河北省	石家庄市、唐山市、保定市	广东省	广州市、深圳市、佛山市
山西省	太原市、临汾市	广西壮族自治区	南宁市、梧州市
内蒙古自治区	呼和浩特市	海南省	三亚市
辽宁省	沈阳市、大连市	重庆市	重庆市
吉林省	长春市	四川省	成都市、德阳市、内江市
黑龙江省	哈尔滨市	贵州省	贵阳市、毕节市
上海市	上海市	云南省	昆明市、曲靖市
江苏省	南京市、无锡市、扬州市	西藏自治区	拉萨市
浙江省	杭州市、宁波市、嘉兴市	陕西省	西安市、榆林市
安徽省	合肥市、芜湖市	甘肃省	兰州市
福建省	福州市、厦门市、泉州市	青海省	西宁市
江西省	南昌市、吉安市	宁夏回族自治区	银川市
山东省	青岛市、枣庄市、临沂市	新疆维吾尔自治区	乌鲁木齐市
河南省	郑州市、平顶山市、三门峡市	新疆生产建设兵团	石河子市

科技部等关于印发《“十四五”生态环境领域科技创新专项规划的通知》（国科发社〔2022〕238 号）中提到，“突破城市群多源垃圾集约化利用、城市 / 工业

危废园区化利用等产城融合协同处置与多场景匹配集成技术；研发新能源、新材料等产业集聚区多源固废源头减量—过程控制—高端利用全链条综合利用集成技术；开发应急、生态环境修复、海洋等特殊场景固废快速减容—闭合循环技术及集成系统；建立重点区域集成示范，形成绿色低碳循环集成技术体系。”

根据《关于组织开展废旧物资循环利用体系示范城市建设的通知》的要求以及《“十四五”生态环境领域科技创新专项规划》的要求，各省相关部门分工明确，从科研以及项目发展出发，开展回收网络建设、推进建设工作、开展项目入库和支持。各个省都以废旧物资循环经济园区建设为重点开展工作。目前各个省都有综合类的循环经济园区或者专业领域的循环经济园区。但是各个园区的回收网络体系、区域内物质代谢转化规律及废物资源生态环境属性交互作用机理，可持续产品生态设计、无废工艺绿色环境过程、多源复杂固废协同利用等重大技术与装备等都存在各种各样的问题。需要攻克制约废物源头减量减害与高质量循环利用的关键材料、核心器件及控制软件，提升装备的绿色化、智能化水平，形成多套跨产业、多场景综合解决方案，提高新增废物资源化利用率。

纤维复合材料固体废物专业回收处理产业入驻园区，其复合材料固体废物来源包括了当地退役复合材料制品及复合材料制造业边角废料，还包括了循环经济园区内的汽车拆解（商用车覆盖件热固复合材料用量较大）、动力电池拆解（复合材料电池盒盖）、电子线路板回收（PCB 板环氧树脂玻纤粉末）、电器绝缘类复合材料零部件、电表箱壳体类废品等。建设复合材料固体废物回收处理生产线，不但解决了社会面产生的复合材料产品类固体废物，同时也解决了园区内产生的复合材料固体废物的处理及资源利用的问题。

现阶段复合材料固体废物处理得到的再生产品以再生玻纤、再生粉末为主，再生纤维和再生粉末的应用以功能性添加利用为主。再生纤维与再生塑料、再生木纤维的协同处理，将会为固体废物（塑料、复合材料、废旧木材等）赋能，并提升各自的价值。家电拆解、汽车拆解和废旧纺织品、废塑料等回收所产生的再生塑料，经过精细分选后，与再生粉末结合可生产再生塑料母粒；与再生纤维结合可生产再生增强塑料粒子。添加了再生粉末和再生纤维的再生塑料制品，其强度、刚度以及耐温性等将会大大提高，性能的提高将会赋予产品高价值。再生纤维、再生塑料与再生木纤维协同处理，所生产的木塑产品，其承载能力、强度得到大幅度提高，可增加其价值。

园区内纤维复合材料固体废物处理产业入驻，将会实现园区内高分子材料、无机非金属材料的“小循环”，实现多源头固体废物的协同处置。既避免了园区内复合材料焚烧处置的环境污染隐患、安全隐患，也减少了碳排放；既解决了园区内固体废物无价值，甚至付费处置的局面，又形成新的、可持续发展的产业，增加新的经济增长点；既解决了当地劳动力过剩的问题，又可以生产零碳 / 负碳资源再利用产品，实现碳减排和碳交易，一举多得。

复合材料固体废物回收资源化利用项目建设，应首先申请重点项目纳入国家重大建设项目库，获取政策上的支持；然后根据园区自有特点，规划项目规模，确定回收技术以及再生利用产品产业方向；最后分阶段开展项目建设工作。

7.2.4 复合材料制造企业建立“无废工厂”

“无废城市”的建设，需要从每个责任主体做起，生产制造企业也应该从自身做起，若是能不出厂就将固体废物资源化利用，不仅解决了固体废物污染环境的问题，又降低了产废处理成本，而且资源化利用后，可实现原材料节约和资源节约，实现低成本，是一举多得的举措。

对于拥有 SMC/BMC 工艺技术的企业，可将复合材料产品制造过程中产生的边角废料通过机械粉碎法，处理成再生纤维或者再生粉末，并根据应用产品的性能和应用情况，确定再生粉末和再生纤维的添加利用量以及质量要求。在添加应用再生粉末和再生纤维时，重要原则是：不得影响产品质量和应用可靠性。添加过程应全程记录添加量等相关信息。虽然实现固废不出厂资源化利用，但也要保证满足《中华人民共和国固体废物污染环境防治法》可追溯、可查询性要求；也应根据《一般工业固体废物管理台账制定指南（试行）》建立台账；并根据《固体废物分类目录》《纤维复合材料固体废物分类管理指南》以及《废弃纤维复合材料回收技术规范》等标准的要求建立一般工业固体废物分类、贮存、运输、处理、再利用体系，应满足国家环境污染排放的要求、应急与安全要求、职业健康卫生的要求等，真正做到将有价值的各类固体废物资源化、高值化利用。

7.3 梯次利用循环体系建设

复合材料制品因其可设计性强、轻质高强、耐腐蚀等功能特点，应用领域广阔，在国民经济中的各个领域发挥着重要作用。产品具有多样性、结构复杂、产品功能性相异、材料组织复杂多样等特点。因此其固体废物回收资源化利用时，考虑其剩余价值以及冗余功能性，开展梯次利用活动，以螺旋上升的资源再利用技术为发展模式，分层次递进式挖掘其剩余价值，具有深远意义。

7.3.1 大型制品的再利用

复合材料大型制品的成型工艺以手糊、真空辅助、缠绕为主。产品主要以大型壳体类制品（高铁车头、机舱罩、防腐槽体等）、叶片、储罐、管道等为主。这些产品退役后，虽然成了废弃固体废物，但是其部分功能并未丧失，可以经过简单加工应用到其他领域发挥新的功能和作用。

例如，直径 3.2m 以上的管道，在其刚度损失率不高时，可以经过加工改做成圆形活动房、文旅特色景观酒店，可发挥其剩余价值，并赋予其新的功能，创造更大的效益价值。

风电叶片壳体、腹板经过精细化裁切成板材，可以利用其板材高强度、耐腐蚀等特性，制作托盘和包装箱等产业化的产品。叶片主梁、叶根的强度和刚度极高，可以加工成承力结构件或者具备防腐、绝缘等功能的高价值产品。

其他复合材料制品也可以根据应用情况，进行转移或梯次利用，例如拉挤型材。但是，所有再利用产品必须满足替代产品标准的要求，未有对标标准的应及时建立相关标准。

以上再利用产品再次应用到其他领域，待到再利用产品退役后，又形成了复合材料固体废物，根据第二阶段的固体废物的特性，可以进行再次利用或者通过机械粉碎、化学降解等方法进行再生纤维、再生高分子材料的回收和资源化利用，实现复合材料固体废物的梯次利用。梯次利用扩展了复合材料固体废物的价值空间和功能空间，同时，多次实现碳减排以及资源能源的节约，社会和经济效益极大。

7.3.2 再生产品在复合材料再利用产品中的应用

大部分复合材料固体废物都需要经过机械粉碎，生产再生纤维和再生粉末等，通过对再生产品的添加利用，实现其价值。当再生产品添加应用到复合材料产品中时，其将会面临再次回收和资源化利用的情况，实现了梯次利用。因此，再生纤维、再生粉末等再生产品通过梯次循环添加利用，将会实现多次价值的提升，将会对碳减排、资源能源的节约作出巨大贡献。

梯次利用循环体系建设，不仅是做好再生产品的梯次递进循环利用，一而再、再而三地实现经济效益价值和节约资源、能源的社会效益价值，更为关键的是建立起其循环利用的管理体系，保证每一次的梯次利用产品的寿命跟踪，获取其碳减排价值，保证其不被违法违规或无价值处理处置。应做好梯次利用产品的台账管理，确保实现循环利用过程中信息传递的连续性，既要保证可追溯、可查询，更要实现其对碳减排的贡献。

7.4 低碳回收技术产业研究院建设

复合材料回收体系建设过程是回收技术发展的过程，是高价值化低碳再生利用产品不断开发的过程。加大复合材料回收技术研发；加大回收技术产业化、自动化、智能化装备的研究；加大“多废协同”技术及高质量产品研究；加大化学降解产业化系统技术及装备的研究；加大再生利用产品的技术、装备及高值化应用研究是复合材料固体废物回收产业技术高质量、零碳发展的基础。

依托地方政府相关部门的支持，通过“政产学研”模式，组织高校、生产企业、投资者、政府建立专业、集中的复合材料固体废物低碳产业技术研究院。集中优势力量和资源，针对地方产业结构特点，产废品类和产废量等，针对回收产业化技术、前沿发展技术、回收装备技术、“多废协同”技术、再生利用产品工艺及应用技术等建立研发团队，分阶段开展研究工作，最终实现系统完整的“多废协同”的回收体系建设。

7.5 复合材料固体废物产销监管及碳核算平台建设

建立区域性叶片等复合材料固体废物回收资源化综合利用体系，需要对综合利用过程、再生产品的回收和梯级利用进行监控，这不仅是《中华人民共和国固体废物污染环境防治法》可追溯性、可查询性的要求，同时是资源循环利用、碳减排的要求；更能实现固废资源化产业链延伸和更大的经济效益；也是对不可再生资源和能源的节约。

因此，建立循环经济园区、地方性或全国叶片等复合材料固体废物回收低碳资源化循环利用云平台非常必要。

第一，风电叶片即将面临下线潮，风电叶片的回收影响风能产品健康可持续发展以及国家能源结构调整、“双碳”目标的实现。因此，建立风电叶片特殊领域的产销监管和低碳平台较为关键。将下线风电叶片的信息上传到平台，包括下线量、下线企业、处置企业、处置方法、综合利用方向等信息，对叶片回收全流程进行监控，并对综合利用产品进行赋码标识，确定产品寿命，待寿命周期完成需要再次回收综合利用时，再次将回收产品信息上传信息平台，平台对梯次利用进行再次监控。不仅能实现梯级循环利用流程监控及碳减排核算，更能精准化掌握叶片下线数据，建立叶片周期性下线数据，可以合理进行产业布局分析和建设，减少投资盲目性和资源浪费；实现叶片回收产业的可持续性“负碳池”建立，实现碳交易。

第二，各个循环经济园区建设废旧物资资源再利用的产销监管和低碳核算平台，实现“互联网+废旧物资”的网络、回收网点建设以及废旧物资的监控，也为省级、国家级平台建设奠定基础。

第三，各省级复合材料固体废物回收资源再利用监管平台以及碳核算平台建设。各省将复合材料生产制造业产废及处理、应用领域产废及处理通过平台予以监控，并对资源化利用进行跟踪，核算回收体系的碳减排数据，实现复合材料固体废物资源的数据网络化，为碳中和奠定基础。

第四，全国复合材料固体废物回收资源再利用监管平台以及碳核算平台建设。

将各省复合材料固体废物回收资源再利用平台数据汇总到国家平台，建立全国复合材料固体废物的监管和碳核算。最终得到全国复合材料固体废物收集、处理、资源再利用的数据，持续开展监管和碳核算，汇集碳减排量，实现全国“负碳池”，并支持开展碳交易活动。实现城市矿产的挖掘，节约化石能源和资源、非金属矿资源，为碳中和作出应有的贡献。

附件：

《废旧物资循环利用体系建设重点城市名单的通知》节选

一、准确把握建设重点。各城市要健全废旧物资回收网络体系，因地制宜提升再生资源分拣加工利用水平，推动二手商品交易和再制造产业发展。重点建设规模化网络化智能化的规范回收站点和符合国家及地方相关标准要求的绿色分拣中心、交易中心，并将塑料废弃物、废旧纺织品规范收集设施作为回收体系建设的重要内容统筹推进，有条件的城市还应建设一批可循环快递包装投放和回收设施。加强对再生资源回收加工利用行业的提质改造和环境监管，推动行业集聚化发展，做好废弃电器电子产品等拆解产物流向监管，改善行业“散乱污”状况。要建设多种形式的二手商品交易渠道，鼓励建设高质量的汽车零部件再制造项目，探索航空器、航空发动机、工业机器人等新领域再制造项目。

二、切实推进建设工作。各城市抓紧在省级发展改革、商务、工业和信息化、财政、自然资源、生态环境、住房和城乡建设等主管部门的指导下，按照《城市废旧物资循环利用体系建设实施方案编制要点》（附件2），编制实施方案并以城市人民政府名义印发，同时按程序抄报有关部门。各城市要高度重视，建立相关工作机制，强化资金、用地等要素保障，并推动落实取消二手车限迁等限制性政策，确保建设取得实效，并及时梳理好经验好做法，报送宣传报道材料。省级发展改革委要会同有关部门加大政策和资金支持，对建设过程中出现的问题和困难，及时予以协调和解决，并组织好本省信息上报工作。国家发展改革委将会同有关部门统筹现有资金渠道，对符合要求的重点项目予以支持，并通过门户网站及有关新闻媒体加大对建设成效和经验的宣传推广。

三、扎实做好项目入库和监督。各城市发展改革委要将实施方案中的重点项目及时纳入国家重大建设项目库，按要求每季度更新项目进展，并会同有关部门对相关数据进行日常核查，进一步提高项目信息质量。省级发展改革委要做好本省相关重点项目的入库审核确认，认真审核把关，确保项目信息及时准确，并定期跟踪调度，深入一线了解项目进展，对进度滞后项目加强督导。国家发展改革委将加强监督检查，及时跟进项目信息和建设实施情况，督促指导地方解决有关问题。

8

政策建议

现阶段由于风电叶片还没有实现批量下线，各个领域都在积极争取下线风电叶片资源，这将分散下线量不大的叶片资源，将会出现重复投资、产业化难以实现的现象。建议国家出台政策，集中下线叶片等复合材料资源，建立区域性集中处理中心；建立区域集中式产业化示范项目。

风电机组往往装在偏远地区，而且各地的环境、资源以及产业规划都有差异，若是以某几种综合利用技术在全国进行推广，很难实现高价值及消纳量，建议实施“一地一策”的回收材料的资源化综合利用研究和试点。

现阶段的回收技术以精细化拆解、机械粉碎为主。精细化拆解后的各种材料的综合利用还需要进一步开发，粉碎后的再生纤维、再生粉末还需要开展深层次高技术、高价值的研究。开展退役风力发电机组零部件再制造以及叶片等复合材料固体废物综合利用及回收技术研究，在风机集中省份建立工程研究中心或者研究院。对叶片回收技术、主机再制造以及综合利用产业开展高值化、资源化应用研究工作，实现更大的效益价值。

建议示范项目给予中央预算内资金支持。

复合材料固体废物的回收和资源再利用，不仅需要科研单位开展高新回收技术的研究，同时需要制造投资企业开展产业化项目的推进，更需要国家以及地方政府给予引导性政策的支持以及限制性政策的规范，甚至资金的支持。

复合材料固体废物回收资源再利用产业属于新兴产业，其发展任重而道远，将会面对诸多未知问题。

9

典型案例及新技术

9.1 风机叶片物理回收与木塑产品应用成套技术

江苏华纳环保科技有限公司

江苏华纳环保科技有限公司成立于2010年，注册资金6666.66万元，总部位于江苏省宜兴市，在山东威海、甘肃酒泉、内蒙古鄂尔多斯、吉林通榆等地区设立多个子公司，是一家集研发设计、生产制造、销售于一体的高新技术企业，主要产品包括风力发电机舱罩、导流罩，环保处理设备，轨道交通复合材料零部件；主要服务包括叶片维修、风电复合材料回收与环保处理工程服务。华纳科技秉承科技为本的精神，与武汉理工大学、江苏理工学院等国内知名院府有着良好的技术合作，建立江苏省大兆瓦风电机组零部件工程技术研究中心，中心配备近40名专业的技术研发人员及专用加工设备和模具处理试验设备，为公司新产品、新工艺开发和结构化研究及技术成果转化提供坚实的基础。公司自成立以来，先后自主研发各类型产品并授权60多项专利技术，为中国中车、上海电气、远景能源、华锐风电、运达风电等国内大型风电整机的龙头企业配套服务，在行业中得到了较高的认可度。

公司自成立以来，严格贯彻各体系标准，通过了ISO 9001质量管理体系认证、ISO 14001环境管理体系认证、ISO 45001职业健康安全管理体系认证、GB/T 29490—2013知识产权管理体系认证和两化融合管理体系认证。经过十多年的创新发展，被认定为国家高新技术企业、江苏省专精特新“小巨人”企业、江苏省民营科技企业、无锡市专精特新“小巨人”企业等。荣获2020年中国创新创业大赛全国总决赛“优秀企业”、江苏省创新创业大赛三等奖、无锡市创新创业大赛二等奖等荣誉，多个研发项目被列为省市级重点研发项目。

1. 叶片等复合材料回收产业技术

江苏华纳环保科技有限公司基于机械粉碎的物理方法，研究经济环保型的回收处理难题，探索回收材料高价值的应用途径，以达到叶片等固废高值化应用效果，构建并完善风电叶片等固体废物收集、加工、回收与应用的循环产业路线。公司结合十多年的环保设备、风电复合材料装备的生产和市场经验积累，取得了环保处理设备研制、复合材料改性技术、复合材料成型工艺等多项专利技术，为废旧叶片机械粉碎一体化设备的研制、回收材料改性提供了技术研究基础。

华纳科技叶片回收处理应用技术适用于玻璃纤维增强复合材料（俗称“玻璃钢”）废旧制品，主要包括风电叶片、风电机舱罩、玻璃钢罐、冷却塔、汽车壳体、游艇等多种行业产品。通过采用分割、破碎、分选及粉碎等一体化处理方法，研制废旧叶片一体化处理的成套设备，发明了结合锥板式剪切分离、喷动流化床等技术综合处理，使回收物料分离率高达 90%；提出回收粉末替代木粉应用木塑板材的方法，发明了废料结合应用技术，实现了废旧叶片资源化利用方案。该技术在回收处理过程中产生的粉尘通过环保除尘处理，确保粉尘治理系统的收集率和处理率均达到 99.5%，达标排放，不造成二次环境污染。

该技术可将叶片等玻璃钢固废完全回收，并将回收材料高价值应用，实现固废的资源化综合利用；该技术不仅可减少玻璃钢废弃物带来的环境负担，减少碳排放，节约资源，还能促进国家风能、太阳能等能源大力发展。另外，与国内外水泥、建筑木板等应用研究相比，该技术可替代大量木材，减少能源消耗与碳排放，且增强板材综合价值更高，具有较高的社会效益和经济效益。

2021 年 6 月，华纳科技为上海电气风电集团股份有限公司在国华河北沽源项目现场回收处置了 19 支风电叶片，并于 2021 年 7 月 27 日验收合格。华纳科技回收处理采用机械粉碎法，主要是对叶片进行切割—破碎、粉碎—分选（树脂颗粒和玻璃纤维）—研磨（树脂颗粒）—筛选等步骤处理，得到玻璃纤维和树脂粉末的产物；处置后的树脂粉末挤出制板（采用挤出成型工艺制备纤塑板），玻璃纤维进行销售(客户可以将其与塑料混合得到增强塑料)。如图 9-1 ～图 9-4 所示。

图 9–1　叶片拆解

图 9–2　粉碎设备

图 9–3　再生产品

图 9–4　综合利用产品

具体工艺流程如下：

（1）切割肢解：主要运用金刚砂绳锯和小锯对叶片进行肢解，对金刚砂绳锯的驱动电机、液压减速部分、切割工装以及金刚砂切割绳绳径和构造进行相应的技术改进，以适用于厚度不一的玻璃钢废弃物，并肢解成 600mm × 1000mm × 150mm 大小的块状物。

（2）撕碎和破碎：采用拆卸式高合金耐磨钢刀具、锤刀破碎堆焊技术进行块料撕碎、破碎分级处理，撕碎出料小于 800mm × 500mm × 80mm，破碎出料小于 150mm，树脂基颗粒状出料小于 10mm。

（3）分选：采用过筛技术对物料进行筛分处理，有效分离玻璃纤维和树脂基颗粒，使分离率达 90% 以上。

（4）研磨：采用涡流磨粉技术，设计分级式粉碎室将物料击碎成细粉，粉末出料小于 40 目。

（5）筛选：将废旧叶片中各种可回收利用的废物或不符合后续处理工艺要求的废物组分采用适当技术分离出来的过程。

（6）挤出制板：将粉末与塑料粒子、各添加剂等材料在熔融条件下均匀混合，采用加热、加压等技术挤出成型，制备增强板材。

工艺流程如图 9-5 所示。

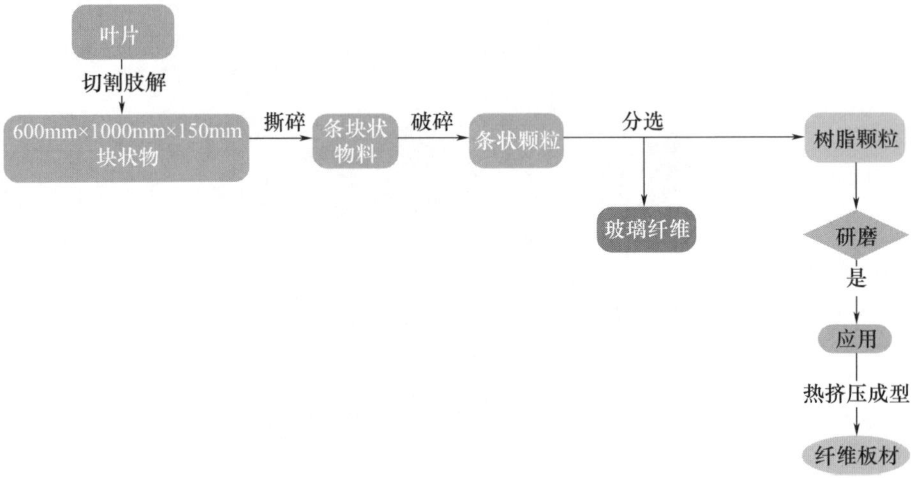

图 9-5 工艺流程

技术工艺参数：

（1）产品：各类定制化增强板材，颜色自定。

（2）肢解出料小于 600mm × 1000mm × 150mm；撕碎出料小于 800mm × 500mm × 80mm；破碎出料小于 150mm；树脂基颗粒状出料小于 10mm；粉末出料小于 40 目。

（3）粉末产能 1 ～ 2t/h。

（4）电机功率：切割机 22kW；破碎机 210kW；磨粉机 110kW；挤塑机 160kW；环保除尘设备 32kW。

2. 投资收益情况

目前该技术已应用于上海电气、株洲时代新材、金风科技、运达风电等十多个项目。目前各项目分解处理已完成，并运回车间进行后续破碎、应用。该技术对废旧叶片的回收处置具有良好的实际应用效果，能有效解决废旧叶片回收处置难、应用难的问题，并且在环保的条件下极大程度地满足了经济性的要求，能够实现巨大退役叶片量的规模化回收处置，具有很大的市场前景，推广性较高。回收材料制备形成的增强板材，比较普通木塑产品的制作成本减少 10%，其静曲强度和模量更高，耐磨度更高，使用寿命更长，拥有成本与性能的双重优势。

华纳科技项目投资 750 万元，建成机械粉碎设备生产线 1 套，应用于回收纤维改性研制和回收材料生产高性能纤塑板材产品，包括固体废料撕碎设备、破碎分离设备、填充增强改性造粒设备，以及纤塑板材生产设备；其中还包括现场切割使用的器材，以及配套的厂房设施等。机械粉碎设备生产线，包括固体废料撕碎设备、破碎分离设备、填充增强改性造粒设备，以及纤塑板材生产设备，其中每个生产设备配置 4 ～ 5 位工人，在运行过程中需要操作工人 18 位，以及管理辅助人员 6 位。项目测算总运行成本约 1840 元 /t，其中：运行能耗：420 元 /t，人员工资：800 元 /t，设备折旧：90 元 /t，转运费用：380 元 /t，管理费用：150 元 /t。

目前项目建成叶片等复合材料固体废物（收集—现场切割—回厂撕碎—破碎分离—改性研究—样板制备整套回收应用）小试生产线 1 条，累计实现销售收入 100 万元，利润 26 万元，税收 10 万元。

3. 社会效益及市场应用

华纳科技将风电叶片进行回收处理，将回收材料作为填料代替 60% ～ 70% 的木粉制成了户外木塑产品，一方面减少森林砍伐，减少碳排放，保护环境；另一方面有效利用退役叶片等废旧资源，应用制备的产品性能优异、使用寿命长、无污染、无毒害，可循环回收再利用，促进了再生资源综合利用和循环经济的发展。该产品机械性能好，可以像木材一样进行锯、刨、钉等机械加工，具有坚硬、强韧、耐久、耐磨的性能；同时运用回收材料大大节约了成本。

目前各类木塑复合制品在国外已得到较为广泛的应用，形成了一定规模的产业和市场。2020 年全球木塑复合材料行业市场规模为 59 亿美元，同比上升 11.32%，根据 Grandview Research 的数据显示，2021—2027 年全球木塑复合材料将以 CAGR11.4% 的增速上升，至 2027 年市场规模约为 125 亿美元，市场巨大。虽然我国木塑复合材料行业发展较美国、日本等发达国家晚，但是得益于国家环保和资源节约政策的大力推行以及科学发展观和政府有关部门的支持，根据中国林产工业协会木塑复合材料专业委员会统计数据及预测，中国木塑复合材料产销量预计将以超过 10% 的复合增长率快速发展。

木塑复合材料优秀的特性使其在建筑景观设计中广泛用于市政公园、物业小区花园、户外园林景观工程、户外木工程、建筑幕墙、河道护栏、别墅小区、建筑遮阳、船坞码头、木屋等处。产品应用场景如图 9-6 ～图 9-10 所示。

图 9–6　木塑地板

图 9–7　木塑围栏

图 9–8　木塑墙板

图 9–9　木塑护栏

图 9-10 凉亭花架

4. 产品优势

（1）应用玻璃钢新材料，经久耐用

华纳科技引进挤出、调制、机加工、涂装等木塑生产加工设备，公司增强板材创造性地以玻璃钢为原材料，代替传统的木粉、滑石粉。本司木塑产品因其配方独特，与市场传统木塑产品相比，具有高强、防腐、保温、绝缘、隔声等诸多优点。由于其强度相当于钢材，又含有玻纤、树脂成分，也具有耐腐蚀、电绝缘、隔热等性能，广泛用于酸、碱、盐、溶剂等工作环境中，表现出良好的耐腐蚀性能，使用年限远远超过行业内的同类木塑产品；玻璃钢的热性能特别良好，热导率比较低，常温下热导率为 1.25 ～ 1.67，产品具有非常不错的绝热效果。此外，玻璃钢韧性高、可塑性比较强，可以根据实际需求灵活设计产品结构，这也是本司木塑产品优于其他品牌木塑产品的地方。

（2）科学配方，绿色环保

公司整合行业内优质原料生产企业，经过科学规范的选择与调整技术和配方，采用特殊的添加剂，攻克掌握木粉与高分子材料复合及加工中的核心技术，确认高品质绿色环保配方。

（3）真正的物美价廉

公司木塑产品 30% 的原材料采用回收玻璃钢固废——替代传统木粉、滑石粉，原材料的采购成本为 0，且玻璃钢固废厂家要向本公司支付回收处置费，公司并以此获得相应的政府补贴（与市场上普通工艺生产木塑产品相比，大约节省 50% 的成本），因此，相比其他木塑厂家，我们的成本具有很大优势，木塑产品在市场上就天然具有很强的价格优势，成为撬开市场的杀手锏。

9.2　退役风电叶片等复合材料制备填充母料技术及产业化装备

天津市龙津节能科技有限公司

1. 项目基本情况

（1）企业概况

天津市龙津节能科技有限公司坐落于天津市滨海新区，专业从事退役风力发电机等复合材料的回收和利用，项目目前已取得环评批复，申请并受理发明专利4项，受理实用新型专利6项。

天津市龙津节能科技有限公司通过自主研发（图9-11），成功建设退役风电叶片等复合材料制备填充母料技术及产业化装备项目，形成完整的生产线及资源化处理技术。目前该项目已批量化生产，资源化后的产品应用于工业塑料和工程类塑料制品领域中。本项目能解决大批量退役叶片无法资源化利用的难题，实现复合材料领域退役环节即全生命周期最后一公里的卡脖子难题。

图9-11　天津市龙津节能科技有限公司

（2）企业资质

企业位于国内风电制造基地天津，注册资金 2000 万元，具备再生资源回收资质，是中国物资再生协会常务理事单位和中国复合材料工业协会会员单位；参与了《风力发电机用复合材料回收技术规范》团体标准制定，加入风电叶片绿色回收与应用联合体，取得风力发电机叶片等玻璃纤维复合材料资源化利用项目的环评批复。

2. 项目的技术参数

风力发电机叶片的主要成分为玻纤、树脂及结构胶、PVC、巴沙木，含量依次约为：50%、40%、5%、5%。其性能主要为耐腐蚀、耐高温、抗冲击等。退役风力发电叶片叶根部分的厚度超过 20cm，坚硬、韧性强，达到退役条件后需要进行处理。本项目的主要技术参数如下。

（1）实现现场机械化肢解，肢解能力 30t/d

本项目通过自主研发，成功研制出现场肢解设备，该设备处理能力为 30t/d，较传统肢解设备效率提高 300%，且实现切割过程中的粉尘收集，实现环保肢解。

（2）实现 PVC、巴沙木的分离

本项目采用物理法对退役叶片进行破碎，通过自主研发设备分离出 PVC、巴沙木，分离比率 95%。

（3）磨粉粒径不低于 200 目

本项目通过自主研发设备成功的将玻璃钢颗粒研磨成粉末，粉末粒径低于 200 目。

（4）实现 100% 资源化利用

本项目分离出的巴沙木和 PVC 打包销售，分离出的玻纤制作增强颗粒销售，其余颗粒磨粉后制成填充母料，打包销售。实现叶片的 100% 回收，100% 资源化利用。

3. 项目的工艺路线及介绍（图 9-12）

本项目设备主要技术路线为破碎、制粒设备应用于退役叶片综合处理项目中的突破。

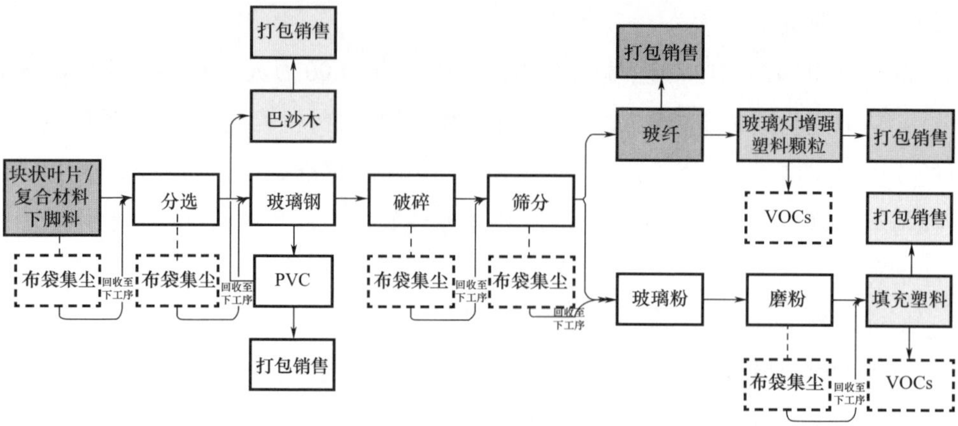

图 9-12　项目的工艺路线

本项目技术用物理法对退役叶片进行破碎，筛分出的 PVC、巴沙木直接销售；分离出玻纤，加工成增强颗粒进行再制造或销售，剩余玻璃钢颗粒研磨成粉末，加工成填充母料进行再制造或销售。增强颗粒和填充母料主要应用市场为工业塑料制品和建筑类塑料制品。对标碳酸钙母料，常规性能指标各有优势，但都不影响应用。本项目产品在密度、强度等方面较传统碳酸钙有着明显的优势。如图 9-13 所示。

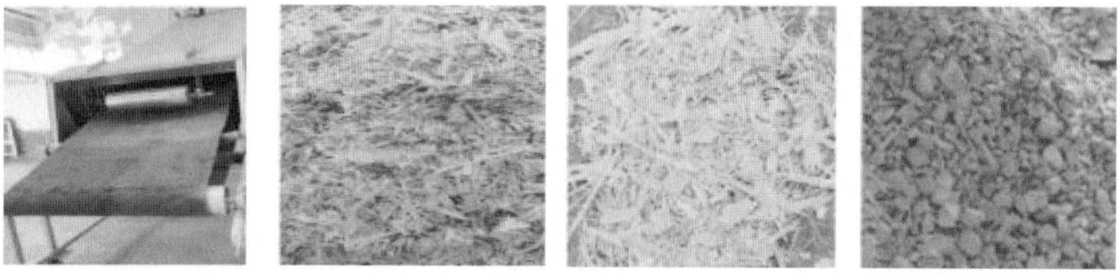

图 9-13　生产过程物料展示

4. 优劣势分析

（1）传统的处理方法

化学裂解、存储、部分利用、焚烧、掩埋、资源化利用。

（2）龙津的处理方法

100% 资源化利用，制作填充母料和增强颗粒，应用于工业塑料和建筑塑料领域（图 9-14）。

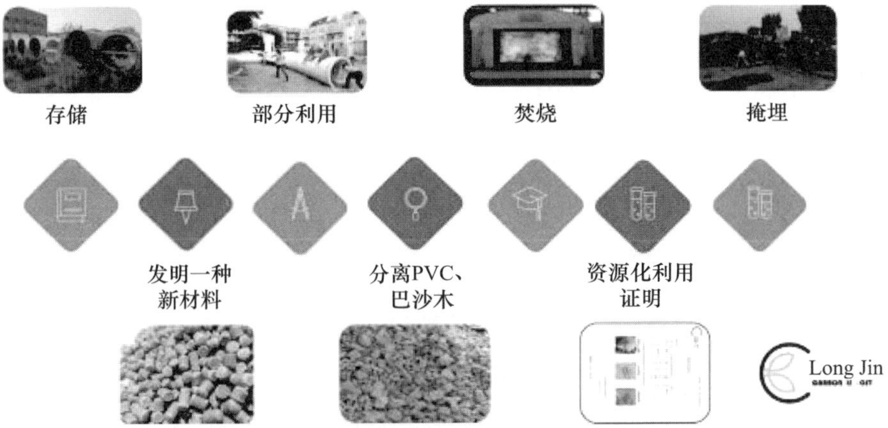

图 9–14　处理方法

（3）处理方法的优劣势分析（表 9-1）

表 9–1　各处理方法优劣势分析

项目	优势	劣势
化学裂解	1. 提取玻纤或树脂； 2. 再加工产品附加值高	1. 产业化成本高； 2. 产生危废； 3. 安全风险较其他方式高
存储	1. 可存储量大； 2. 成本低	1. 最终需要处理； 2. 产生扬尘； 3. 浪费土地资源； 4. 如大规模退役，需要大量存储场地； 5. 未进行资源化利用，浪费资源
部分利用	可资源化利用部分叶片	1. 未进行利用部分仍需处理； 2. 资源化利用产品最终面临处理
焚烧	可 30% 处理	1. 环境二次污染； 2. 不能充分燃烧，仍有固废产生，需二次掩埋； 3. 处理固废成本高； 4. 无法资源化利用，浪费资源； 5. 具备燃烧资质的发电厂极少； 6. 部分地区法律法规已禁止焚烧

续表

项目	优势	劣势
掩埋	可 100% 处理	1. 污染土壤； 2. 无法资源化利用，浪费资源； 3. 法律要求禁止掩埋
资源化利用	1. 可实现 100% 资源化利用，可以实现退役叶片的再生价值； 2. 可广泛应用于工业塑料和建筑类塑料领域； 3. 可提供资源化利用证明； 4. 可复制性高，具备大规模处理的能力； 5. 可最终应用于新能源领域，实现本领域内的循环经济	

5. 项目的成本核算及投资收益情况

本项目以年处理 5000t 报废叶片为例，项目成本及投资收益数值见表 9-2。

表 9-2　项目成本及投资收益

序号	项目	金额（万元）
1	设备、基础设施投资	2000
2	回收环节及产品销售收入	3500
3	生产、管理等成本	2300
4	利润	800
5	税收	400

6. 项目的图片展示

（1）服务范围

本项目主要是资源化利用复合材料的退役环节产生的新型固废，涵盖吸能能源、航空航天、轨道交通、游艇船舶、电子产品及复材下脚料。

（2）产品展示

本项目主要为资源化利用退役叶片，再加工为填充母料（图 9-15 ～图 9-16）。

龙津填充母料和增强颗粒为龙津研发的基础产品，定位于建筑领域和工业塑料领域。项目成立之初对河北廊坊市和浙江余姚市做了详细的市场调研，两个塑料之乡的填充母料及增强颗粒的年用量超过 2000 万 t。龙津母料经过大量性能测试，除具有碳酸钙填充母料的优势外，大大节约了碳酸钙的自然开采量，并且综合利用风力发电机报废叶片、机舱罩、轮毂罩，从塑料制品的源头和风力发电行业的闭环处理两个维度，助力“双碳”目标的实现。

图 9-15 填充母料

图 9-16 增强颗粒

（3）在研产品展示

目前我国的托盘生产厂家有据可查的约有 10000 家，大部分是中小型企业，年产超过 20 万个托盘的生产企业比例不到 10%。较有规模的生产企业年产量也很少有超过 200 万个的。而且，冠名托盘生产的企业有些也并不单一生产托盘。由于托盘是一个新兴产业，过去很长一段时间，有的被列入包装行业，有的被看作装卸搬运行业，其中有的企业从使用材料的角度出发参加了相关行业组织，如塑料协会、木材协会等。从企业性质来看，我国的托盘生产民营企业占大多数，国有独资企业比较少见，股份制企业数量占有一定比例。根据 2016 年中物联托盘委的调研来看，民营企业占到托盘企业总数的接近半数，达到 48.6%，而国营单位只占到总数最小的比例，约 14.3%。其余是外商投资企业和合资企业，分别为 20%和 17.1%，塑料托盘的生产是龙津节能在研产品的方向之一，目前已经完成产品试制和试验环节，待退役叶片形成规模后进行批量生产（图 9-17 ～图 9-20）。

图 9–17　再生纤维增强塑料托盘 1

图 9–18　再生纤维增强塑料托盘 2

图 9–19　再生纤维增强管道 1

图 9–20　再生纤维增强管道 2

9.3　中车新能源循环利用系统解决方案

中车山东风电有限公司

1. 企业介绍

中车山东风电有限公司是中国中车旗下大型风电企业。公司成立于 2009 年，专业从事风力发电装备的研发、制造及销售，业务包括风光资源开发、技术咨询和服务，风电场建设承包和运营，风电场全生命周期运维健康管理以及退役风电叶片处理系统解决方案及装备提供。

公司传承中国中车百年制造基因，厚植诚信、责任、实干的儒商文化，以精益求精的民族匠心，遵循中车“产品 +”“系统 +”的先进理念，致力于成为风电新能源的综合解决方案提供商，为客户创造更多价值，为实现“双碳”战略目标提供“中车方案”，贡献“中车力量”。

2. 中车退役风电叶片高效智能处理系统解决方案

中车山东风电有限公司深度聚焦基于退役叶片回收、处理、应用闭环式全产业链研究，形成独特的就地处理系统解决方案，在行业内打造“智能移动工厂”，实现退役叶片的“变废为宝”。产出物可广泛应用于建筑材料、木塑制品、水泥建材制品等，赋能万亿级建筑工程行业，助力绿色技术进步和提速（图 9-21）。

图 9-21　就地处理解决方案

3. 工艺流程

工艺流程如图 9-22 所示。

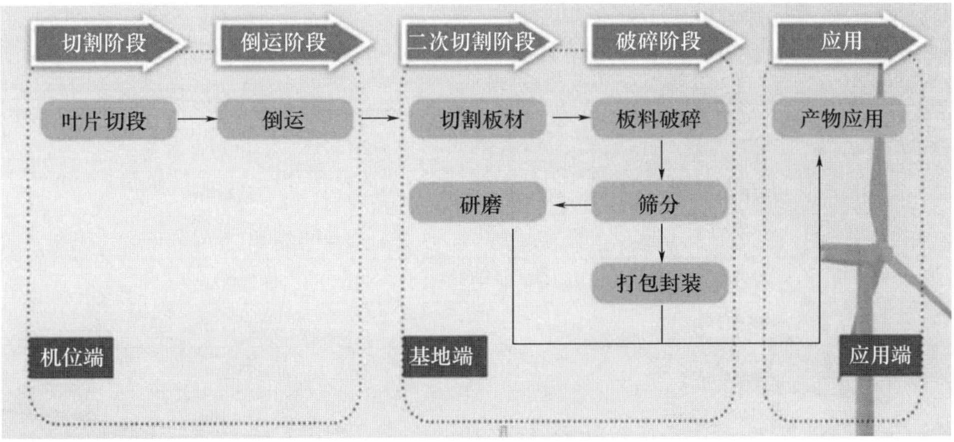

图 9-22　工艺流程图

4. 核心装备介绍

（1）专用切割装备

专用切割装备是以履带底盘为载体，配置切割单元，实现退役叶片首次切割（成段）作业。主要由履带式走行装置、传动机构、回转机构、动力装置、操纵机构、工作臂、液压快换、圆盘锯装置等组成（图 9-23）。性能参数见表 9-3。

图 9–23　专用切割装备

表 9–3　性能参数

项目	参数
总质量	≤ 16t
发动机功率	60kW
系统压力	31.5MPa
系统流量	180L/min
备用泵流量	75L/min
走行速度	4.5/2.6km/h
整车长度	6300mm
整车高度	4000mm
整车宽度	2450mm
前后驱动轮距	2340mm
左右履带中心距	1345mm

（2）中车退役风电叶片高效智能处理专用装备

① 设备组成

退役叶片高效智能处理专用装备主要由一级撕碎系统、二级粉碎系统、除尘系统、输送系统、系统安装平台、电气系统以及安全防护系统等组成，其中输送系统由上料输送、二级输送和三级输送系统组成（图 9-24）。系统预留远程监控系统接口。

图 9–24　退役叶片高效智能处理专用装备

② 优势及特点

功能集成。集成了撕碎、粉碎等各项功能，具有专业化、智能化等特点。

装备可移动。实现了废旧叶片回收再利用生产线的低成本可移动化，现场作业，可大大降低叶片的运输成本。

防爆安全。设有倾角检测、火花检测、粉尘浓度检测等系统，实现防爆预警、安全运行。

高效除尘。全封闭式设计，利用重力降尘等技术，排放优于国家标准。

③ 性能参数

性能参数见表 9-4。

表 9–4　性能参数

项目	参数	备注
处理速度（kg/h）	≥ 1000	
进料尺寸（长 × 宽 × 厚，mm）	≤ 700 × 700 × 750	
出料尺寸（mm）	2 ～ 10	可根据筛网尺寸调节
外形尺寸（运输状态长 × 宽 × 高，mm）	6058 × 2438 × 2591	与 20 英尺集装箱
总质量（t）	约 13	
总功率（kW）	≤ 120	
供电方式	柴油发电机组或符合要求的市电	
粉尘（mg/m^3）	≤ 20	符合《大气污染物综合排放标准》（GB 16297—1996）

（3）自动打包封装装备

自动打包封装装备与退役叶片高效智能处理专用装备配套使用，可实现产出物的称重、打包、封装作业（图 9-25）。

图 9–25　自动打包封装装备

自动打包封装装备具有如下优点：

① 与物料接触部分采用不锈钢材质，抗腐蚀性强、设备使用寿命长。

② 独特的喂料器设计，适应絮状纤维物料变化，确保速度和精度的要求。

③ 传动部件少，易清理和维护，故障率低。

④ 预存多种包装重量规格，满足多种计量包装要求。

⑤ 适用于不同重量的产物计量与包装，执行机构速度快，作业效率高。

5. 市场及投资情况

中车退役风电叶片高效智能处理专用装备已签署装备销售合同，与工程建筑企业签署产物应用合作协议。

6. 产业合作

（1）专用服务

中车山东风电有限公司以“打造服务品牌，保证顾客满意”为服务宗旨，以快速响应为依托，为客户提供高效处理系统解决方案及智能化专业设备。

（2）产业合作

作为央企，立足实体经济，担当国之重器，坚守“先进技术、中车制造”的公司定位，与行业协会、科研院所、高校建立合作，进一步加强基础研究，做好技术持续完善和储备；与企业合作，进行资源互补，实施各类示范项目；与中车内部企业合作，共同推动风电叶片等复合材料绿色回收资源化利用产业发展。

9.4 风电叶片回收资源化应用项目

吉林重通成飞新材料股份公司

1. 企业及项目背景

吉林重通成飞新材料股份公司（以下简称“重通成飞”）是重庆机电控股（集团）公司全资子公司。重通成飞是国内风电叶片的主要生产企业之一，年生产各型风电叶片约 1000 套，产值约 25 亿元。重通成飞于 2014 年 5 月组建风电叶片循环事业部，开始研究退役风电叶片的回收资源化应用。依托重通成飞在风电叶片行业长期的技术积累，以及重庆机电控股（集团）公司强大的研发背景，经过多年研究，重通成飞已总结出一整套基于传统物理粉碎法，并具有良好经济性的风电叶片回收资源化应用技术。

2015 年重通成飞自行设计并委托生产了万吨级风电叶片物理粉碎设备。截至 2022 年年底，重通成飞风电叶片回收资源化应用技术已申请 30 项相关发明专利及 40 项实用新型专利；专利技术覆盖从风场切割到工厂处理，直至处理后产品的应用配方。重通成飞于 2022 年 1 月开始在内蒙古锡林浩特市开展风电叶片回收资源化应用国家级产业化示范基地建设，该项目预计 2023 年年底建成，届时该基地的风电叶片年处理能力将达到 2 万 t（图 9-26）。

图 9–26　风电叶片物理粉碎设备

风电叶片回收资源化应用的实操方面，重通成飞已协助发电企业如大唐、华能、中电投等，主机厂如金风、远景、龙源等，叶片厂如中材、时代新材等处理退役风电叶片累计约 2000t，获得客户的一致好评。

国家政策资金支持方面，2017 年重通成飞在国家工信部、财政部开展的工业转型升级工作申报中，获得国家绿色制造项目资金支持 1200 万元；2022 年重通成飞主编行业标准《纤维复合材料固体废物分类管理指南》，并参编行业标准《废弃纤维复合材料回收技术规范》；重通成飞的废旧风电叶片拆解处理技术被国家工信部纳入《工业资源综合利用先进适用工艺技术设备目录（2021 年版）》；该技术也被生态环境部纳入《“无废城市”建设先进适用技术汇编》。

2. 重通成飞风电叶片回收资源化应用技术概览

（1）重通成飞风电叶片回收资源化应用工艺流程如图 9-27 所示。

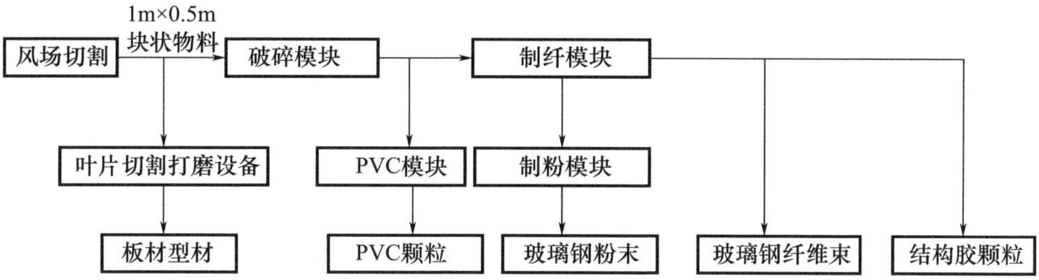

图 9-27　工艺流程图

（2）重通成飞风电叶片回收资源化应用工艺流程说明

① 在风场将待回收处理风电叶片切割成方便运输的块状；

② 进入工厂后，将可进行形状复用的风电叶片部分切割成板材和型材；

③ 通过撕碎系统将风电叶片撕碎至 80cm 的片状物；

④ PVC 模块将 PVC 分离出来并制成 PVC 颗粒；

⑤ 片状物通过制纤系统制成长短合规的玻璃钢纤维束并筛选出结构胶；

⑥ 不合规的玻璃钢纤维束进入制粉系统制成合规目数的粉末。

部分产品外观如图 9-28 所示。

图 9-28　产品外观

（3）重通成飞风电叶片回收资源化应用设备概况

① 总功率：800kW；

② 处理能力：2 万 t/ 年；

③ 设备固定资产投入：1500 万元。

3. 重通成飞风电叶片回收资源化应用后端产品市场概览

（1）玻璃钢板材型材

占总质量25%的玻璃钢板材型材直接进行售卖，用于绝缘件及紧固件的制作。

（2）长短玻璃钢纤维束

占总质量 50% 的长短玻璃钢纤维束均直接进行售卖，长玻璃钢纤维束用于石膏或水泥建材抗折和抗冲击组分，替代涂塑玻璃纤维网及 PP 纤维；短玻璃钢纤维束用于替代 PP 纤维为水泥基建材提供抗裂功能。

（3）PVC 颗粒

PVC 颗粒可直接进行售卖，用于替代保温砂浆中的聚苯颗粒，起到减重隔热的作用。

（4）玻璃钢粉末

占总质量 20% 的玻璃钢粉末可直接进行售卖，用于替代电木等产品中的木粉以提供强度、降低成本。

（5）结构胶颗粒

占总质量 5% 的结构胶颗粒可直接进行售卖，充当热解或化学降解基础原料。

部分产品应用如图 9-29 所示。

图 9–29　产品应用

4. 重通成飞风电叶片回收资源化应用方案亮点

（1）5 种材料处理后，产成品可以直接售卖，市场上无须介入风电叶片处理外的其他生产业务。

（2）5 种材料处理后，产成品售价可以较好地覆盖生产成本。

（3）长短玻璃钢纤维束、PVC 颗粒应用于建材市场，建材市场的市场容量足够容纳退役的风电叶片量。

（4）重通成飞已经建立了针对 5 种产品基础分销网络，可以较快地让投资人和合作者取得收益。

9.5 风电叶片回收再利用设计之美

安徽中优能源科技有限公司

安徽中优能源科技有限公司是一家专业从事风机叶片回收处理再利用的高新技术企业。公司位于安徽省合肥市，占地面积 100 余亩，员工 30 余人，注册资金 2000 万元。根据目前市场需求及行业现状，该公司技术人员经过多次实体操作，总结研发出一套系统的回收处理再利用技术，建立系统解决方案，以实现环保全程化。现公司拥有废旧叶片流水处理线两条，以及自主研发的切割、破碎、包装等大型设备十余台，可实现年处理量 6000t。在生产过程中确认“零填埋、零排放、零污染”三零原则，可实现退役废旧叶片的绿色低碳循环的可持续发展。

风能是一种取之不尽，用之不竭的能源，目前风能主要用于发电，并在全球范围内实现了大规模的开发和应用。2017 年全球风电市场安装量超过 50GW，累计装机容量超过 540GW，其中欧洲、印度和海上风电装机量取得了创纪录的突破。为了满足对装机容量不断增长的需求，风电叶片（风力涡轮机的核心部件之一）的尺寸、强度和重量也在继续增加。随着风电行业的快速发展，风力发电机叶片的应用和需求将不断增加。

退役后风机叶片等复合材料的处理处置目前是全球性难题。传统的处理方法是露天堆放、填埋或焚烧。然而，这些处理方法限制了资源的合理再利用并带来了环境污染。对于环境保护和可持续发展，处理废弃叶片的最佳方法是回收和再利用，以便风能成为真正的“清洁能源”。

安徽中优能源科技有限公司本着“成物不可损”、以人为本的原则和理念，在环保的前提下让退役后风电叶片以多姿的艺术形式发挥自身的价值。公司聘请了艺术设计专业团队，与公司的技术人员联手，以颠覆传统的形式对风电叶片根据其自身流线进行设计、裁切、组合并打造，使其以艺术性和实用性相结合的形式重新展现于世人面前，使废旧叶片真正做到涅槃重生。

利用叶片原有的曲线之美，分段以艺术形式重新组合打造。当下人们所需要的是极具视觉冲击力的艺术作品、极具视觉导视识别的作品、简约实用性强的作品、另类前卫的打卡地作品。根据其特性，艺术家及技术人员会将叶片以现有的形态进行艺术加工，让其具有观赏性、实用性，让叶片以自己崭新的姿态再次发挥它的价值。应用领域与形式是多元化的，如公共空间、休闲海滩、园林、旅游景点、大型企业的形象与塑造等，都是它的栖身之地。

利用废旧“复合材料叶片”二次加工后部分作品效果图如图9-30、图9-31所示。

图9-30 利用废旧“复合材料叶片”二次加工后作品的效果图（一）

图9-31 利用废旧“复合材料叶片”二次加工后作品的效果图（二）

以上效果方案是我公司对不同环境设计的作品，它是使用废旧风电叶片的不同部位加工而成，避免了大量切割所产生的粉尘对于环境的污染。复合材料特性在于防腐、防潮、防晒、有韧性、有刚性、抗风阻、不易损坏等，我们打造的艺术作品及建筑小品可以在任何不同地域长期使用。

目前，此方案已取得一定进展，项目所需主体叶片预计 500 ～ 600 支。希望可与风电叶片上下游产业链上的伙伴精诚合作，让叶片以艺术性和实用性相结合的形式涅槃重生，助推风电行业发展走向绿色新高地！

9.6　风机叶片热裂解技术现状与发展

上海交通大学　李华

1. 上海交通大学材料学院与工程学院、上海冶金合金科技有限公司热裂解回收技术原理与特点

热裂解（Pyrolysis）一般指有机物质于惰性气氛下高温分解的过程。此过程涉及了化学成分和物理相态的同时变化，且为不可逆反应。风机叶片等复合材料热解回收技术，是指在一定温度及无氧或缺氧条件下，将废弃风机叶片复合材料中的有机物（树脂基体）分解为热解油和（或）热解气，以提取纤维产物的过程。回收得到的纤维以碳纤维与玻璃纤维为主，且其表面可能有热解沉积炭（残炭）的存在。

热裂解技术示意图如图 9-32 所示。

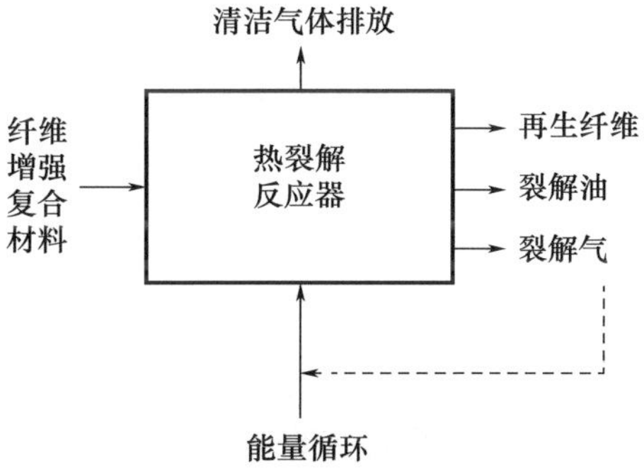

图 9-32　热裂解技术示意图

由复合材料热裂解的物理、化学过程可知，该技术具有以下特点：

（1）有机物处置率高、产物清洁、过程安全高效、环境影响小。树脂基体经过热裂解技术处理后生成的小分子有机物以热解气为主（以及少量热解油），包括 C_2H_2、CH_4、短链烯烃等。此外，热裂解处理过程简洁、高效，无须借助高压

环境或添加特定降解介质，可实现复合材料快速处理。

（2）适合大量、连续化处置。热裂解回收技术以加热复合材料中的树脂基体使其裂解，并提取纤维为本质，与工业界普遍应用的高温装备并无本质区别。类似隧道窑的连续式热裂解回收装备可对复合材料进行连续回收处置。目前工业化规模热裂解回收装备年处理量已接近万吨级别。

（3）属于一种有机物广谱处置技术，尤其适合复杂有机体系。热裂解技术对树脂基体回收覆盖面广，通过调节裂解温度与时间等工艺参数，不仅可实现对环氧、不饱和等不同体系树脂的裂解，更可处置各类共混、共聚树脂，将其彻底降解并分解为有机小分子，工艺技术普适性非常好。

（4）可在处置过程中实现复合体系相分离，提取无机纤维、填料等耐高温组分。热裂解技术可有效解决纤维增强复合材料中纤维 / 树脂界面键合强、难分离的问题。通过将树脂基体转化为气态小分子，实现纤维与基体的分离，自然提取出纤维、无机填料等耐高温组分。

（5）有能耗需求，裂解产物排放需实现清洁化。热裂解过程涉及能量的消耗与气体的排放，因此如何减少热能的浪费以提高能量利用效率甚至实现能量收集，且控制小分子气体产物分离收集与清洁排放，是影响热裂解技术发展及应用的关键。

2. 风机叶片热裂解技术实践与现状

目前风电机组常用的叶片形式为 DU、FFA-W、RISO-A 翼形结构，根据发电机功率要求，叶片尺寸长度为 20 ～ 75m，我国最长风电叶片为 126m，单支质量超过 50t，叶根直径超过 5m，表面积突破 $1000m^2$。根据空气动力学原理，可对风机叶片进行结构与桨叶形式（螺旋形、H 形、S 形）等设计，但基本为由根部、外壳、加强筋或梁三部分组成的薄壳结构材料。考虑风机叶片应用场景对高强、抗腐蚀、耐疲劳性能要求以及大型化、轻量化发展趋势，叶片制造材料由最初的亚麻布蒙着木板发展至钢材、铝合金，直至目前的复合材料，其在叶片质量占比可达 90%。叶片外壳通常采用玻璃纤维增强树脂（环氧树脂、聚酯、乙烯基、聚氨酯），叶尖、叶片主梁则采用强度更高的碳纤维，前缘、后缘以及剪切勒部位常采用夹层结构复合材料，包括夹层芯（巴莎木、泡沫、聚对苯二甲酸乙二醇酯）、金属（铜线、钢螺栓）等成分。由于所用的树脂基体一般为具有三维网状交联结构的热固性树脂，交联形成后则难以熔化或重塑。此外，纤维增强相与树脂基体间存在强键合作用，使得纤维提取技术难度大且回收成本高。作为目前较为成熟的主流复合材料回收技术，热裂解回收技术凭借其规模化、清洁化、高效化优势，已成为当前国内外各大风机叶片复合材料回收企业的技术路线。

（1）风机叶片及复合材料热裂解技术的国际发展现状

一般地，风机叶片的热裂解回收与循环利用包括叶片拆解及运输、叶片回收与纤维再生、再生纤维利用产物等环节。其中，叶片拆解及运输与其他回收技术基本一致，经过风机叶片拆卸与解体预处理后，将其破碎至合适尺寸并运输至特定回收处理场所，以满足后续回收处理需要。

根据Ucomposite公司对回收纤维材料碳足迹与环境影响生命周期评估（LCA）分析显示，生产1t再生玻璃纤维产品对环境的影响约为60kg的CO_2当量，其中49%的排放来自原材料运输，23%来源于燃料油加热生产过程，而生产1t原始玻璃纤维的CO_2排放量约为1.9t。此外，SO_2、NO_x、颗粒排放量分别约为0.02kg、0.25kg、26ppm（$1ppm=10^{-6}$），且主要来源于运输过程，生产过程耗电量仅为60kW·h。从中可以看出，风机叶片热裂解回收处理是一项清洁生产的过程，能源消耗较少且物料利用率高，环保性良好，具有重要的生态价值。据不完全统计，目前美国、荷兰、日本等国际知名风机叶片及复合材料回收企业均采用热裂解技术回收处理纤维复材，且其再生纤维及其产品已在各个下游领域实现应用（表9-5）。

表9-5　国际主要热裂解回收企业规模与产品

热解企业	规模	典型产品	特点	典型应用
ELG	国际最早、规模最大的碳纤维回收与再生碳纤热固、热塑复材制造企业，产量2000t/a	1. 再生碳纤粉末/短切/毡体，长度低于100μm的研磨纤维；2. 再生碳纤增强PP、PA6/66、PC、PPA、PPS、PEEK等复合材料	研究了多种碳纤维回收技术，目前主要采用热裂解回收技术	在奇瑞汽车、AC75船舶零部件上试用
Ucomposite	世界最大的风机叶片回收企业	1. 短切再生玻璃纤维；2. 玻纤增强吸声板	硅烷浸润剂上浆短切玻璃纤维，增强与树脂基体相容性	应用于消声器排气隔热材料、燃气轮机、工业涡轮机、汽车与运输系统制动垫等领域

续表

热解企业	规模	典型产品	特点	典型应用
Carbon Conversions Inc.	回收碳纤维产量 1800t/a	1. 短切再生碳纤维、再生碳纤维无纺布毡；2. 再生碳纤维非织造布环氧复材	再生碳纤维非织造布 / 环氧树脂复合材料 VARTM 制造技术	在 VX aerospace 无人机机身、甲骨文赛车车身、戴尔 LCD 外壳应用验证
Modern Recovery Systems Inc.	回收碳纤维产量 2000t/a	6mm 再生短切碳纤维	高纯氮气为裂解回收保护气	应用于汽车工业、航空航天等领域
碳纤维再生工业株式会社	回收碳纤维产能 1000t/a	再生长纤维	废料燃烧所产生的热解气作为纤维回收热源	在汽车部件应用，实现整车减重 20% 以上

丹麦 ReFiber 公司在 500℃无氧环境条件的旋转炉中，成功用气化热解法回收了风机叶片复合材料，得到的回收玻璃纤维导热系数为 0.041W/（m · K），与商用绝缘子接近 0.037W/（m · K），制备得到的聚合物材料在 100 ～ 6400Hz 之间拥有出色的吸声能力：厚度为 30mm 的材料，平均吸声系数为 0.8，与市售隔声板相当。丹麦 Miljøskærm 公司将回收玻璃纤维作为吸声材料芯而替代了传统的铝基与矿棉隔声材料，其质量仅为 30kg/m^2，已在丹麦部分公路中成功使用。除了再生纤维以外，在风机叶片复合材料热裂解回收处理过程中也可产生热解油与 / 或热解气，其热值（30 ～ 40MJ/kg）与柴油的树脂相当。挪威的 Quantafuel 公司专注于热解产品的油分馏，通过后续纯化得到的热解油可循环至热解腔体使用，满足回收所需供能，并通过出售给化学品制造商和炼油厂获得利润（图 9-33）。

（2）风机叶片热裂解技术的国内实践

在国内，上海交通大学材料学院丁文江院士团队技术支持的上海治实合金科技有限公司较早开展纤维增强复合材料的热裂解回收研究。其自主研发制造的连续式复合材料回收处理设备，年处理量可达 1500t。通过回收过程物质流与能量流耦合设计，复合材料当中树脂裂解所释放的能量可通过循环热利用系统返回裂解系统内部，实现了回收装备低能耗运行。据测算，每裂解 1t 树脂基复合材料可节约电能约 1000kW · h，单位能耗约为 0.5kW · h/kg。另外，国内还有南通复源公司、新创碳谷公司等也采用热裂解技术进行废弃复合材料处置。

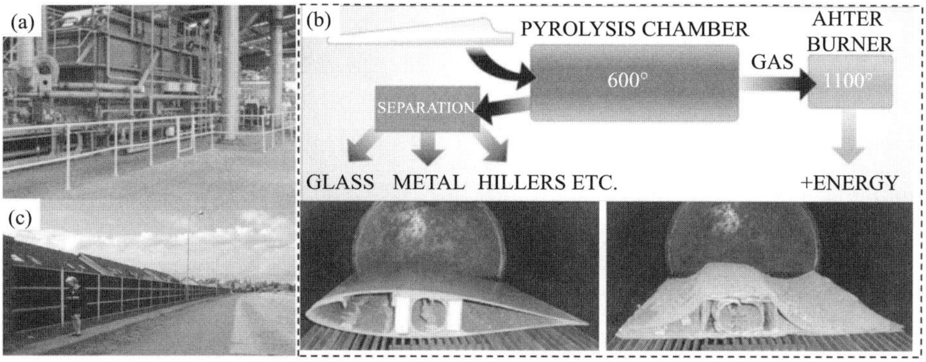

图 9–33 （a）英国 ELG 公司裂解装置,（b）丹麦 ReFiber 风机叶片裂解原理及回收前后对比，（c）再生玻纤降噪板于丹麦公路应用

此外，在对复合材料裂解与除炭的反应机制动力学规律理论研究后，该团队设计了以过热水蒸气为高热容介质的分段式热解回收工艺，实现树脂裂解率与纤维回收率高于 95%，T800 再生碳纤维拉伸强度保持率高于 98%，中碱 C 型再生玻璃纤维拉伸强度保持率大于 92%。将其分别制备为热固性、热塑性复合材料，力学性能保持率均大于 95%。所研发的再生碳纤维增强 PTFE 树脂复合材料耐磨导向带，通过滑动摩擦台架模拟试验机验证，其百万次摩擦磨损后直径变化仅为 0.598mm，满足高铁和铁路转向架系统以及汽车制动系统中应用要求。所研发的再生玻璃纤维水泥基复合材料，实现了玻璃纤维大掺量掺杂，有效提升了抗渗、抗裂、耐久、耐碱 - 骨料反应性能，已分别在佛山市城市轨道交通 2 号线一期工程与柴达木盆地腹地外围地区实现示范应用（图 9-34、图 9-35）。

图 9–34 上海交通大学、上海治实合金科技有限公司风机叶片回收处理现场

图 9–35　应用示例

上海交通大学与南京肯特公司联合研发的（a、b）再生碳纤维热塑性复合材料耐磨件与密封圈，上海交通大学与西安科技大学联合研发的（c、d）再生玻璃纤维水泥基复合材料示范应用

3. 热裂解技术发展趋势

目前，通过风机叶片热裂解回收工艺设计与优化，可实现纤维绿色、高效回收、能源循环利用及产物清洁排放，既能有效妥善地处理复合材料废弃物，又能降低纤维的使用成本，提高纤维的利用价值，符合节能减排的政策。凭借高效率、低能耗、小排放、大规模等特点，热裂解回收技术已成为构建废弃风机叶片高效回收与循环利用全技术链的关键环节。

在国家“双碳政策”与经济社会发展和生态文明建设整体布局背景下，对风机叶片的绿色回收与高值利用提出了更高要求，热裂解技术也需要针对风机叶片的处置与循环利用具体需求，进一步完善与发展特色技术，构建特色商业模式。

（1）发展裂解过程的低能耗技术、裂解产物的清洁化与精细化控制技术，降低裂解过程的碳排放，提高裂解技术的生态驱动力。

复合材料热解回收处理消耗的大部分能耗主要用于反应装备预热以及复材

升温裂解阶段，且树脂裂解后释放的热值在大多数情况下无法得以利用。因此，需针对裂解过程升温所需能量及树脂裂解释放能量进行能量流匹配设计，实现能量高效、循环利用，从而降低热解能耗。此外，树脂裂解过程涉及复杂的分子结构解离反应，在不同的温度、介质、压强等条件下将产生不同的裂解产物。因此，需对裂解过程物质流进行精细化调控，以实现产物清洁化并降低碳排放。

（2）深化再生纤维，尤其是再生碳纤维的循环利用技术，拓宽再生产品系列，提高裂解技术的商业驱动力。

热裂解回收工艺与再生纤维表面状态、物化性能存在直接关系。通过调控热裂解工艺，可实现再生纤维性能保持率大于95%，甚至在导电性能方面优于原生纤维。因此，通过热裂解回收得到的再生纤维及其产品，有望通过物化特性调控，实现高性能、高价值“赋能增值”再生产品于典型下游领域高值应用。利用再生碳纤维导电增强的特点，将其用于电子器件领域可充当电磁屏蔽壳体，提供高性价比优势。此外，与常规玻璃纤维相比，再生玻璃纤维可大掺量（＞20%，常规纤维为3%）加入水泥材料当中，实现再生纤维于土建领域巨量消纳，并大幅提升混凝土材料的抗渗、抗裂、耐久、抗“碱 - 骨料”等性能。目前由上海交通大学与西安科技大学研发的再生玻璃纤维水泥基复合材料，已成功在佛山市城市轨道交通2号线一期工程、柴达木盆地腹地外围地区等场景实现示范应用，有望拓展再生纤维产品的商业价值。

（3）建立风机叶片“拆解—裂解—再生”一体化技术与商业模式。

风机叶片热裂解回收技术的推广离不开商业模式建立与发展。依托热裂解回收技术，根据叶片拆解 / 运输以及下游再生产品产业特点，建立“废品回收—加工制造—制品消费”全链条、一体化运作模式，不仅可以促进热裂解技术的发展，还可推动成果孵化与价值提升，从而驱动市场积极发展并反哺技术革新，实现成本下降与性能上升，最终达到多方合作共赢的效果。

（4）发挥重点风场地区带头作用。

我国风电产业的重点省份、重点地区与重点企业的退役风电叶片处置需求最早，压力最大。风电产业的排头兵可以继续成为风电回收的先行者，可紧跟国家能源战略和电力规划思路，利用政策导向优势与规模效应建立全面、成熟的风机叶片热裂解回收技术，并实现规模化开发与商业化发展。这不仅促进热裂解回收技术发展并推动当地经济发展，更与我国的生态环境、经济和社会发展相协调，所累积的成功经验可被借鉴并应用在其他重点风场地区，最终形成多点开花、多方共赢的局面。

9.7 再生玻璃纤维在抗裂砂浆中的工程应用

西安科技大学 彭龙贵

佛山市城市轨道交通 2 号线一期工程 TJ5 标为佛山轨道交通 2 号线林岳车辆段及综合基地，位于南海区林岳大道以南、广珠西线高速以东地块，东西方向长约 1300m，南北方向宽约 320m，建设总用地面积 28.64 万 m^2，总建筑面积 51.73 万 m^2。关键的是，项目所处的地理位置和环境以及建筑设计、施工的质量与过程控制存在三个特殊性，对抗渗、抗裂提出了更高要求（图 9-36）。

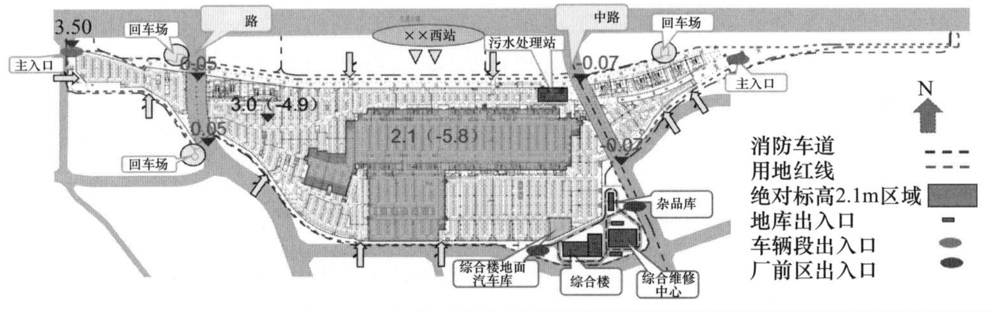

地面车库层设计为周边物业汽车停车库及综合楼停车库，总建筑面积为22.8万m^2，其中物业汽车库面积约为22.67万m^2，地铁车辆段使用汽车库约为1336m^2。
物业车库层的地面标高分为3.0 (–4.9) m和2.1 (–5.8) m两部分 (括号内为相对标高，以轨顶标高±0.000基准)。车位约4650个，为特大型停车库，设置了9个汽车出入口，与外侧道路相连接。综合楼地下车库绝对标高–2.7m ，停车位208个，地面层设置2处汽车库出入口。

图 9–36 车辆段车库层平面布置图（项目部提供）

首先，佛山市城市轨道交通 2 号线一期工程 TJ5 标项目位于广东省境内，广东省属热带和亚热带季风气候区，气候资源十分丰富。由于地处低纬度，面临广阔的海洋，因此海洋和大陆均对气候有非常明显的影响。夏季 (6—8 月) 由于受海洋气团的影响，普遍吹偏南风，带来丰沛的雨水。6 月是广东前汛期的降雨高峰期，各地出现暴雨的机会甚多。同时，每年的 6—10 月又是热带气旋影响广东的主要时段，有 89% 以上出现在这个时段内。最热的 7 月全省月平均气温达到 28 ～ 29℃，极端的最高气温曾出现过 42℃。年降雨量达 1600 ～ 1700mm，这对混凝土的抗裂、抗渗是一个严峻的考验。

其次，车辆段范围进行 TOD 物业开发，共设置 15 栋物业高层均采用筏板基础，筏板基础长约 66m，宽 26 ～ 30m，高 2.0 ～ 3.3m，混凝土一次浇筑方量 3000 ～ 5000m^3。混凝土方量巨大，对混凝土的抗裂要求极高。

最后，项目有 2 个下穿通道，岗中路设计起讫里程为 K0+040 ～ K0+340，全长 300m，采用敞开式 U 形槽框架结构，下穿林岳车辆段与综合基地，路线大致呈南北走向，泰山路下穿通道为佛山市地方规划道路，下穿林岳车辆段与综合基地，路线大致呈南北走向，路线全长 271.5m，基坑开挖深度较大，最大深度超 10.0m，基坑顶面宽度最大超 60.0m，开挖过程中的基坑安全及施工质量控制难度较大。基坑所处位置地质条件差，施工安全风险高，对混凝土的抗渗要求极高。

针对工程特殊情况对混凝土耐久性提出的要求，常见的施工方案有添加矿粉或粉煤灰等掺和料、添加纤维、使用聚合物混凝土等，但这些方案都存在一些弊端，为此，项目引入再生纤维与新施工工艺相结合的办法，有效提高混凝土的水化程度，改变水化凝胶骨架与晶体的构架方式，从根本上提高混凝土的密实度、降低中微孔比例，达到提高混凝土抗渗性、抗裂性性能，单方能降低 5% ～ 10% 的水泥用量，提高混凝土 20% 的使用周期。不同提高混凝土耐久性的方法见表 9-6。

表 9–6　解决混凝土耐久性能方法对比

方法	优势	存在的问题
添加矿粉、粉煤灰等掺和料	抗渗、耐磨性提高	不能有效提高抗裂性能
添加纤维	抗裂可以提高	抗渗性能下降、强度下降

续表

方法	优势	存在的问题
聚合物混凝土	抗渗、抗裂性能提高	不能提升耐磨性能、造价高
项目专用外加剂与再生纤维	抗渗、耐磨、抗裂性同步提高	现场需要添加投料设备，有一定的固投成本

该项目所使用的再生纤维是由玻璃钢复合材料经过可控分切、结晶重构与掺和物理改性等步骤得到，在项目工程应用中会从试验配比设计，到现场施工，再到养护检测，形成一条完整的技术路径（图 9-37）。

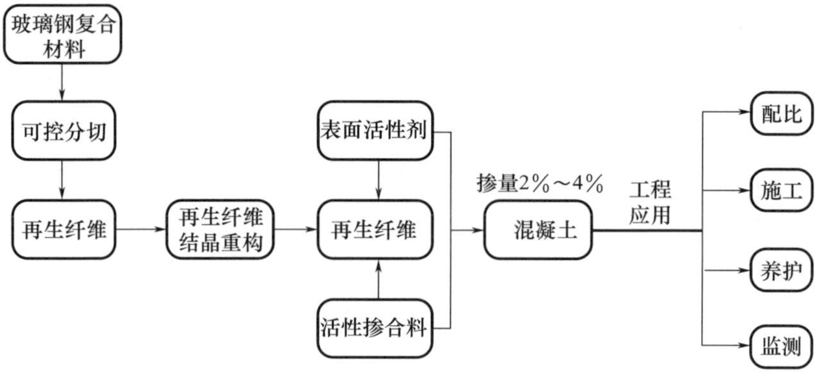

图 9–37　再生纤维的技术方案路线

图 9-38、图 9-39 分别为工程现场未使用和使用项目专用再生玻璃纤维应用对比图片。

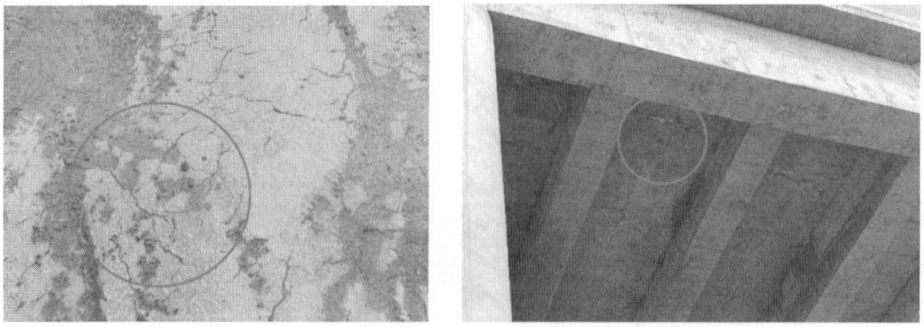

图 9–38　未使用再生玻璃纤维工程构件

图 9-39 使用再生玻璃纤维工程构件

由图 9-38、图 9-39 可清晰地看到，图 9-38 中标准施工的混凝土路面出现大量裂纹裂缝，而图 9-39 中使用再生玻璃纤维的筏板基础及厚度为 2m 的大体积混凝土表面光洁无裂缝，具有更好的抗裂抗渗性能，大大提升了混凝土的耐久性能，同时也代表了再生玻璃纤维的应用非常成功（图 9-40）。

一根纤维串起两个行业——记全国首个城市轨道交通项目应用再生纤维取得成功

强国号发布内容

中国建材报
2020-12-21

+订阅

12月，全国大部分地区已入深冬，北方地区的工程建设早已进入休眠期，然而为保障佛山地铁 号线的顺利建设，在广东省佛山市 以南、广珠西线高速以东，东西长约1300米，南北宽约320米的工地上，上千名建筑工人正在井然有序地协同作业。这里是由中交路桥建设有限公司（以下简称中交路建）承建的佛山城市轨道交通 TOD综合开发项目。

图 9-40 《中国建材报》采访项目负责人与彭龙贵教授及《学习强国》平台见稿

项目示范点的成功落地，代表我们解决了国家再生玻璃纤维增强水泥基复合材料的应用难题；在项目上既节约了成本，又促进了绿色混凝土的发展，具有较高的社会效益和经济效益。

据项目方信息，当前地铁项目混凝土病害，30km 每年修复维护费用为 200 万元以上。100km 的地铁线路每年需要后期维护费用为 700 万元，仅佛山市规划在建以及待建总共 13 条地铁线，约 1000km，每年维护费用在 7000 万元以上。本项目成功实施，可以减少 70% 的地铁地下管廊、结构梁板等部位的后期维护费用。每年能够为佛山地铁节约约 5000 万元维护费用。

项目浇筑混凝土所用的再生玻璃纤维来源于玻璃钢固体废弃物回收，随着新《固废法》的实施，回收的成本将进一步降低，质量将进一步升高，为制备“三高”混凝土提供了优质可靠的材料来源。另一方面，基建领域尤其是轨道交通领域混凝土的病害问题，需要更加前沿、更加先进、更加具有卓越性价比的新材料与新兴技术，本项目技术较好地响应了上下游产业的纵深发展趋势，已具备良好的推广条件与前景。本项目的技术创新与产业化实现，推动地铁行业的健康发展和新时代大基建更加繁荣，形成良好的示范效应（图 9-41）。

应 用 证 明

成果名称	高抗渗高抗裂耐久型混凝土研究与产业化示范
应用单位	天津新亚太工程建设监理有限公司佛山轨道交通 2 号线监理项目部
通讯地址	佛山市南海区天安数码城 B 座 4 层

应 用 证 明

成果名称	高抗渗高抗裂耐久型混凝土研究与产业化示范
应用单位	中交佛山投资发展有限公司
通讯地址	佛山市禅城区湾华大道佛山地铁大厦 10 楼

经济效益（万元）	1600

中交路桥建设有限公司研究的“高抗渗高抗裂耐久型混凝土研究与产业化示范”，于 2019 年 7 月至 2020 年 12 月在佛山地铁 2 号线林岳车辆段与综合基地成功实施，林岳车辆段与综合基地主要为佛山地铁 2 号线地铁车辆检修、保养及日常的维修工作。

林岳车辆段与综合基地占地面积约 430 亩，属于大面积块状工程，施工现场组织难度较大，针对车辆段施工的“高抗渗高抗裂耐久型混凝土研究与产业化示范”满足车辆段施工过程中施工质量及施工进度的各方面要求，其技术先进，实用性强，有效解决了提高了混凝土施工的质量，降低其板面开裂，有效提高了车辆段施工进度。

通过“高抗渗高抗裂耐久型混凝土研究与产业化示范”，指导了中交路桥建设有限公司佛山轨道交通 2 号线项目高效、高质量的完成了车辆段施工的各项施工生产任务，受到各方的一致好评。

检 测 报 告

编号：NWHTC-CL-2020-003

中国电建集团西北勘测设计研究院有限公司

工程实验监测院

报告日期 2020 年 05 月 18 日

第 1 页 共 5 页

检测报告编号：NWHTC-CL-2020-003

中国电建集团西北勘测设计研究院有限公司工程实验监测院

纤维综合性能检测（抗裂试验检测结果）

检测项目	基准	掺 LB-XW-C 纤维	掺 PP 纤维
裂缝总面积/mm^2	155.0	150.2	151.8
单位面积裂缝数目/(条/ m^2)	8.4	4.2	6.2
每条裂缝平均开裂面积/mm^2	38.8	75.1	50.6
单位面积上的总开裂面积/(mm^2/ m^2)	325.9	315.4	313.7
减裂率/%	/	3.2	3.7

图 9–41　应用证明与检测报告

新《固废法》于2020年9月1日实施以来，国家对固废处置的管理越来越严格，如何尽快解决固废处置难题，加快回收利用，已经是玻璃钢行业正常经营和行业发展必须尽快解决的难题。复合材料回收再利用的关键，在于回收物（玻璃纤维及树脂粉末）高值化综合利用的产业化，将复合材料回收再利用技术与土建行业相结合是非常理想的产业化方向。在世界能源、资源日趋紧缺的今天，我们应高度重视混凝土构筑物的腐蚀问题，及时有效、科学合理地为混凝土构筑物进行防护及修复，确保钢筋混凝土构筑物高安全运营、长寿命服役。这对资源节约和社会可持续发展具有重要意义。

当前，我国复合材料行业年产边角料超过50万t，复合材料服役期满的成品回收约300万吨，并以10%速度递增。复合材料因其硬度大、不降解的特点，如直接填埋处理，将对环境造成不利影响。同时，土建领域对短切纤维的需求量约为每年400万吨，将上游回收的复合材料纤维化处理，制备出满足下游土建行业需求的产品，这对实现我国“五位一体”总体布局的重大战略部署意义重大。

轨道交通的迅猛发展，带来了规划问题、环境问题、生态问题、社会责任问题等多维要求，本项目采用的再生玻璃纤维作为核心材料，极大地改善了混凝土的“三高”特性，同时推动了上游玻璃钢废旧复合材料的回收产业的发展，推动了下游建设高质量轨道交通工程的需求，对解决规划、环境、生态、社会责任等问题具有巨大的市场推广优势。

9.8 可回收树脂项目行业发展报告

上纬新材料科技股份有限公司

上纬新材料科技股份有限公司(股票代码：688585)，主营环保高性能耐腐蚀材料、风电叶片用材料、新型复合材料的研发、生产和销售。主要产品包括乙烯基酯树脂、特种不饱和聚酯树脂、风电叶片用灌注树脂、手糊树脂、胶黏剂、风电叶片大梁用预浸料树脂、风电叶片大梁用拉挤树脂、环境友好型树脂、轨道交通用安全材料等多个系列。

公司产品属于新材料领域，下游主要应用领域包括节能环保和新能源两大领域。其中节能环保领域主要包括轨道交通用安全材料及电力、石化、电子电气、冶金、半导体、建筑工程等行业的污染防治工程；新能源领域包括风电叶片用材料、汽车轻量化材料等方面。

公司的经营管理先后通过 ISO 9001、ISO 14001 及 ISO 45001 等专业认证；SWANCOR 系列产品先后通过英国 Lloyd’s、DNV 等权威机构认证，质量与技术深受国内外客户肯定。

废弃高分子材料导致的环境污染和资源浪费近年来引起了全球的广泛关注，然而由于缺乏有效的循环利用技术，目前塑料回收率不足 10%，而热固性树脂因具有致密的三维网络结构，难溶难融，且难以被降解，其回收利用更是亟待解决的难点问题。目前，高性能纤维复合材料用树脂其不可降解、回收难度大等问题，不仅会对环境造成污染也会造成资源的浪费。为助力我国提出的碳中和和碳达峰目标，以及国际绿色能源目标，上纬公司研发了可回收可降解纤维复合材料用树脂，该树脂与纤维匹配制成复合材料，可用于风力叶片、船舶、汽车、运动器材、建筑等行业的生产制造。

本项目技术性能水平经中国科学院上海科技查新咨询中心出具的查新报告显示，达到了国内领先水平并且具有新颖性。

根据热性能的不同，聚合物一般可以划分为热塑性材料和热固性材料两种。热塑性聚合物能够重复加工利用，但往往机械性能存在不足；热固性聚合物的三维交联网络结构使其拥有较好的机械强度和耐溶剂性能，但不能重复加工。而通过在聚合物网络中引入动态可逆的共价键，形成动态共价交联聚合物，可以使其具有热塑性材料的重塑性和热固性材料的优异机械强度等优点。通过在环氧单体中引入动态键，制备可回收环氧树脂，可以有效实现树脂材料的可降解及可回收使用的目的。

项目研发的“EzCiclo 易可收”是一种可回收利用的环氧树脂，即在环氧树脂结构中导入乙酰乙酸酯单体化合物，配方结构通过胺类固化剂固化完成后的热固性树脂材料会具有可降解能力，固化后的固化物会产生动态酰胺键同时保留部分的不可逆化学键结构。固化物在碱性环境下与胺类化合物加热可通过动态酰胺键结达到分解效果，进而达成回收之目标。

项目产品与胺类固化剂混合后与纤维结合，固化后会成为具有高强度性能的热固性复合材料，这一热固性复合材料通过公司的可降解“CleaVER 可立解”系统，加热过程破坏动态酰胺键达到分解效果，分离出来的降解液与回收纤维皆可以再利用，达到绿色循环经济效益。

1. 产品应用

结合上纬公司的产品线，可回收树脂体系被导入多种环氧配方产业应用，如风力叶片、船舶、汽车、运动器材、建筑等行业，搭配玻璃纤维、碳纤维制成部件，其最大好处是不改变现有工艺与设备，可以直接使用。

（1）风力叶片行业（壳体、腹板、大梁应用）（图 9-42）。

图 9–42　风力叶片作业应用

（2）汽车行业（车体、构件）（图 9-43）。

图 9–43　汽车行业应用

（3）运动器材行业（高尔夫球头、滑雪板）（图 9-44）。

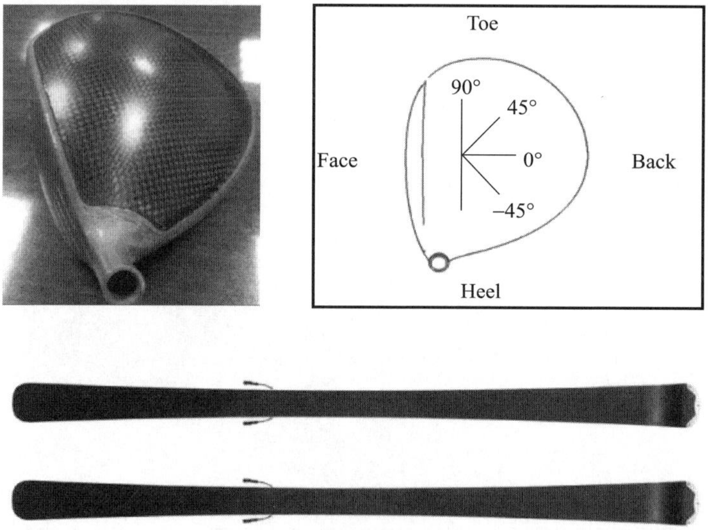

图 9–44　运动器材行业应用

（4）船舶行业（外壳、内饰件）（图 9-45）。

图 9–45 船舶行业应用

2. 具体产品样式及降解技术

（1）使用 EzCiclo“易可收”玻璃纤维灌注板材。

① 产品样式（图 9-46）

图 9–46 产品样式

② 降解技术路线

使用 EzCiclo“易可收”玻璃纤维灌注板材在 CleaVER“可立解”溶液反应槽中，在加热条件下可完成降解，具体过程如图 9-47 所示。

图 9-47　降解技术路线

（2）使用 EzCiclo“易可收”制成的碳纤维拉挤板材。

① 降解过程

使用 EzCiclo“易可收”制成的碳纤维拉挤板材在 CleaVER“可立解”溶液反应槽中，在加热条件下可完成降解，具体过程如图 9-48 所示。

使用 EzCiclo“易可收”做成的玻璃纤维增强塑料 (fiber-reinforced plastic, FRP) 及碳纤维复合材料，到了使用年限可回收降解，经过 CleaVER“可立解”技术将原本要成为废弃物的垃圾，变成回收纤维及寡聚物，整理后再利用，再次制成玻璃纤维强化塑料 (GFRP) 及碳纤维复合材料 (CFRP) 原料，是一项可重复利用之系统。产品样式及回收技术路线如下：

图 9–48　加热条件下降解过程

② 产品样式（图 9-49）

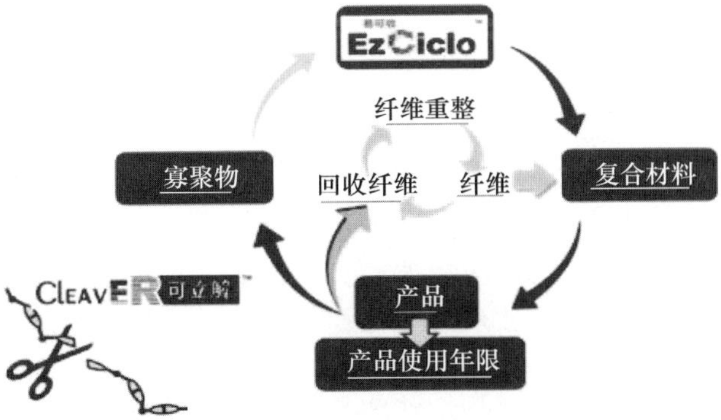

图 9–49　产品样式

③ 回收技术路线（图 9-50）

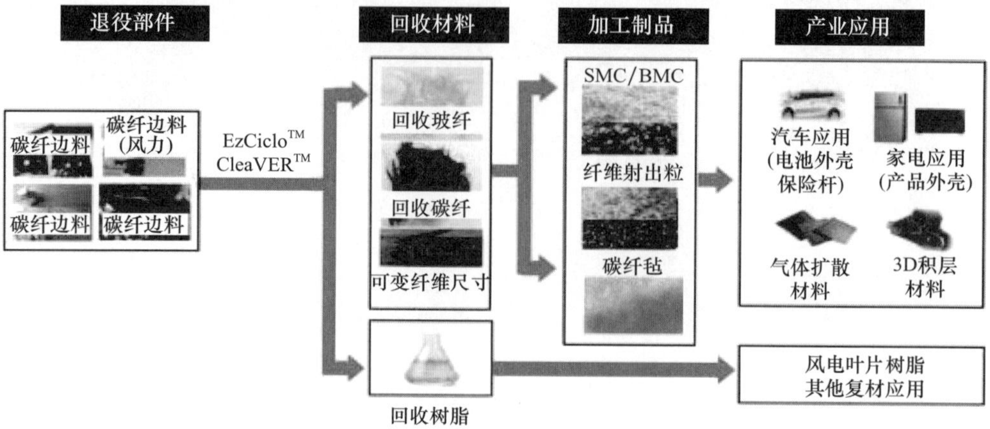

图 9–50　回收技术路线

考虑回收及再利用全过程，投入切割好的待回收的 1000kg FRP、400kg CleaVER“可立解”、1500kgPP 及相关加工费用后，最终产品包含 385kg 回收可重复利用的 CleaVER“可立解”、165kg 溶解树脂及 2350kg 的纤维塑胶粒。根据市场调研各类物料单价及相关费用可以得到结论，在不计入 FRP 回收费的情况下，回收环节可以实现毛利 394.14 元 /t。据市场调研，目前 FRP 回收费价格为 1000 ～ 2000 元 /t，由此可知项目具有商业价值。具体测算过程见表 9-7 ～表 9-10。

表 9–7　投入原料量及单价

投入原料	原材料质量（kg）	原料单价（元 /kg）	原料总价（元）	备注
FRP	1000	1.55	1554.05	切割、运输成本
CleaVER“可立解”	400	56.31	22522.52	
PP	1500	9.01	13513.51	

表 9–8　相关费用

相关费用	单位费用（元 /t）	总费用（元）	备注
改性 PP 塑胶粒制造费用	2252.25	5292.79	代工费
CleaVER 纯化费用	2252.25	867.12	
人工、水电、设备厂房折旧	563.06	563.06	

表 9–9　最终产品价格

最终产品	产品重量（kg）	产品单价（元 /kg）	产品总价（元）	备注
CleaVER“可立解”	385	56.31	21677.93	可循环使用
溶解树脂	165	1.26	1858.11	可用于风力叶片
改性 PP 塑胶粒	2350	9.01	21171.17	用于复材

表 9–10　收入合计

收入合计（元）	44707.21
成本费用总计（元）	44313.06
毛利（元）	394.14

附注：测算不考虑回收费收入。

与 SWANCOR 既有产品相比，EzCiclo“易可收”树脂再处理阶段较传统树脂通常的焚烧处理方式，碳排放量有显著下降，10t 树脂的处理碳排放仅 535kg-CO_2e，较 SWANCOR 既有产品的 10700kg-CO_2e 降低 95%。从全生命周期碳排放的角度衡量，EzCiclo“易可收”树脂较 SWANCOR 既有产碳排放降低 89%，具体见表 9-11。

表 9–11　排放对比

项目	细分项目	SWANCOR 既有产品	EzCiclo“易可收”
生产阶段 (10t)	蒸汽 (m^3)	50	188
	用电 (kW · h)	67	157
	柴油 (L)	1.2	1.2
	碳排放 (kg-CO_2e)	179	617
处理阶段 (10t)	处理方法	焚烧	回收
	蒸汽 (m^3)	—	156
	用电 (kW · h)	—	179
	碳排放 (kg-CO_2e)	10700	535
总计	总碳排放 (kg-CO_2e)	10879	1152
	每 1kg 产品碳排放 (kg-CO_2e)	1.09	0.12

项目研发的 EzCiclo“易可收”、CleaVER“可立解”系统有以下优点：

a. 客户无须改变现今叶片生产工艺与设备；

b. 回收复材可无须先粉碎，操作方便；

c. 树脂可回收再利用，且裂解回收过程无废水、废酸、废碱产生，无二次污染；

d. 碳足迹低。

本项目与市面上相对成熟的可回收树脂同级品比较，国外同行的可回收树脂体系通过在胺类固化剂上改性可裂解官能基团，该胺类固化剂搭配环氧树脂固化后可降解，与本项目产品最大区别在于本项目产品通过改性环氧树脂来达到可降解，这样的配方设计树脂固化后耐水性会优于竞品，复合材料板材不易受到水气影响性能。国外同行的可回收树脂体系是在酸性条件下达到可降解，降解 完的降解液需再过滤与中和后回收固体成分用来做塑胶小部件，这样的过程会额外产生中和后的废液。本项目产品通过 CleaVER“可立解”系统降解后，降解液无须额外加工，可以直接导入灌注环氧配方体系中直接达到再利用的效果，不会额外产生废气、废液，对环境非常友好。

上纬公司自 2015 年开始可回收热固型环氧树脂的研究，此次新推出的具绿色循环经济的全球革命性创新产品——可回收热固型环氧树脂 EzCiclo“易可收”以及化学降解液 CleaVER“可立解”，目前已提供给全球再生能源领导品牌西门子“歌美飒”进行认证流程。通过上纬公司研发的全球创新技术，制成可回收的风机叶片，待风机退役后叶片通过简易降解程序，即可同时回收玻璃纤维及叶片树脂，所回收的材料则能再投入到风机叶片生产或其他制程，回收过程不产生废弃溶剂和废气等污染，且回收过程低碳足迹，解决了传统掩埋或焚烧产生的环境污染问题，此创举将可实现风机叶片全回收目标。

为响应国家碳中和、碳达峰的政策，更好地促进风电产业的可持续发展，发挥各自的优势及积极性，金风科技、中材科技、上纬公司与北京鉴衡共同就“可回收热固树脂在风机叶片产品上的开发应用”项目达成合作意向，并签订合作意向书。作为战略合作伙伴，金风科技、中材科技、上纬公司与北京鉴衡共同就上纬公司可回收热固树脂 EzCiclo“易可收”应用在风机叶片产品上进行联合开发合作，包括材料评估、部件 / 叶片制作、商品化应用等示范项目合作，同时还在市场营销、产业推动、政策推动等多个领域开展拓展合作。

9.9 含动态键可降解环氧树脂的研究现状

哈尔滨工业大学 胡桢

先进热固性树脂基复合材料具有低密度、高强度、耐高温、耐冲击等优异性能，因而在航空航天、武器装备、风能产业、轻量化汽车等领域得到了广泛应用。据统计，热固性树脂的全球年产量已超过6500万t，占聚合物全球用量的18%以上。环氧树脂具有优异的热性能、机械性能和化学稳定性，是热固性树脂的典型代表。经过多年发展，我国已成为世界上环氧树脂最大的产能国和消费市场。2020年，我国环氧树脂产能超200万t。然而，由于环氧树脂具有不熔不溶的三维网状交联结构，难以像热塑性树脂重新加工及再利用。这导致先进环氧树脂基复合材料中存在的价值高昂的增强体纤维难以回收再利用。与此同时，废弃的环氧树脂及其复合材料的大量堆积不仅加速了有限的自然资源的消耗，而且造成了严重的环境污染问题，导致全球经济中巨大的能源和材料价值损失。因此，环氧废弃物的回收再利用是业界普遍关注的重点难题。

现有研究进展来看，大多数环氧废弃物多采用填埋法、能量回收法、物理粉碎回收法、化学回收法等回收方法。由于填埋法造成严重的环境污染和化石资源的浪费，为响应目前国家“双碳”战略，填埋法正逐渐被其他降解技术替代。能量回收法通过焚烧将树脂的部分化学能转化为热能/电能，但同时造成了资源浪费、环境污染等问题。物理粉碎回收法采用简单工艺将复合材料碎化进而应用于建筑/筑路填料等低端应用领域。化学回收法利用高温环境、高热空气流、超/亚临界流体、溶剂化作用等解锁环氧树脂交联结构，使树脂分子链分解为可挥发或可溶解小分子，进而回收复合材料中附加值高昂的纤维增强体材料。虽然此方法能从一定程度上回收碳纤维，但反应条件过于苛刻且降解和回收效率偏低，如热解法虽可回收少量小分子液体燃料，但绝大部分树脂均在热解过程中损失；超/亚临界流体及溶剂回收法采用特定溶剂及催化剂强制打开树脂化学结构中的共价键，导致回收得到的表面化学组成、编织结构破坏严重。

回收得到的碳纤维明显已经失去了其原本的使用价值。常压溶剂热解法是目前研究的前沿方向。哈尔滨工业大学胡桢教授团队率先使用常压溶剂热解法降解了热固性树脂基复合材料，开创了温和条件降解热固性树脂基复合材料的先河。他们开发出了碱水解和 Fenton/Fenton-like 反应联用催化降解策略，从热固性树脂及复合材料中回收得到了增强体纤维布。回收得到的纤维布力学性能和化学结构基本没有受到破坏，降解副产物也得到了再利用，实现了热固性树脂基复合材料的全回收。

为了实现环氧树脂复合材料的可控降解和闭环回收，在树脂链结构中引入刺激响应动态键是极为重要的解决策略，可从根本上解决树脂断键随机、产物结构复杂难以高值利用的关键难题，回收得到结构确定的高值化学品。与此同时，动态键的引入可赋予环氧树脂紫外光、γ 射线等环境刺激响应性，拓展环氧树脂的应用领域及应用场景，研发出新型结构功能一体化环氧树脂复合材料。因此，含动态键可控降解环氧树脂是环氧复合材料回收最具潜力的方法，是未来发展的必然趋势。近年来，学者们已成功地将酯键、二硫键、缩醛、席夫碱等引入树脂的主链或交联结构中实现其快速的降解回收，取得了不错的进展，但也存在一些挑战。在含有酯键的环氧体系中，酯键与不同的醇 / 酸 / 酯的交换反应可以在高温和锌盐等催化剂存在下被激活。Leibler 最先通过此反应实现环氧树脂百分百的降解以及复合材料中碳纤维的无损回收。然而，此体系存在降解温度较高（150 ～ 220℃）和降解溶剂难以除去等问题。含二硫键和缩醛键因其温和的降解条件得到广泛的关注，比利时学者首先制备出基于二硫键的可降解环氧树脂碳纤维复合材料。将制备的复合材料浸泡在 2- 乙基硫醇 /DMF 溶液中，室温下 24h 内树脂基体可降解，回收得到的碳纤维几乎无损伤。但是，在使用过程中发现二硫键键能较低，硫 - 硫键的断裂可被多种条件（光、热、形变）等触发，导致交联网络被破坏稳定性降低。因此实际应用中，二硫键的光、热稳定性将是值得考虑的问题。同样地，含缩醛键的环氧树脂体系也表现出温和高效的降解性能，该类材料可以在 100℃、酸（$pH < 2$）刺激下 2h 实现树脂基体降解并回收其中的纤维增强体。然而，由于缩醛结构的稳定性较差，此类可降解环氧树脂表现出较低耐热性 (T_g 为 80℃，起始分解温度为 250℃) 和机械性能 (拉伸强度为 60MPa)。

由于席夫碱键具有较高的键能 (615kJ/mol)，将其引入树脂的交联网络可使改性后的环氧树脂依旧保持优异的使用性能。受此启发，四川大学、东华大学等单位设计制备了含 C═N 结构的新可降解环氧固化物。该类材料的 T_g 可达 150 ～ 200℃，起始分解温度为 250 ～ 350℃，拉伸强度为 65 ～ 120MPa，力学及耐热性能已获得大幅度提升，可媲美常规环氧树脂。同时，此类材料也表现出不错的降解性能。室温下，浸泡在 0.1mol/L HCl 溶液 / 有机溶剂（2/8）中 15h 内就可实现大小为 10cm ×10cm × 0.45mm 的复合材料的完全降解，回收得到的碳纤维布表面结构无损伤，编织结构保持良好，力学性能仍可达到原纤维的 95%。

哈尔滨工业大学胡桢教授团队针对含 C═N 可控降解环氧树脂方面进行了多年研究工作，采用温和绿色的反应条件，已合成出系列含 C═N 键结构的环氧树脂胺类固化剂，产率高达 90%，多种固化剂已实现千克级制备。可降解树脂固化物具有优异的力学性能及耐热性，核心性能指标赶超美国赫氏 HexFlow® RTM6 环氧产品，满足先进复合材料的应用需求。可降解树脂固化物还表现出优异的耐溶剂性、耐酸碱、耐紫外光、耐湿热老化性能，展现出优秀的环境稳定性。可降解环氧树脂复合材料中的树脂组分可在室温、1mol/L HCl/THF 或有机胺的降解液中 3h 内完全降解，回收的碳纤维布编制结构完整，强度保持率达到 98%（图 9-51）。

胡桢教授团队在国际上率先提出 γ 射线敏感基团的设计策略，证实了在 γ 射线辐照下含 Ph—C═N—X 基团的模型化合物 71.3% 的断键产物与 N—X 键断裂有关。设计制备系列 γ 射线敏感的环氧树脂和胺类固化剂，得到的固化物具有优异的力学性能、耐热性、环境稳定性（图 9-52）。树脂固化物可在 30 ～ 40KGy 辐照剂量下可以完全降解，成本约为 1 元 /kg 树脂；与之对比，现有环氧树脂在 300KGy 的高辐照剂量下依然未表现出明显的降解行为。项目组提出了自由基捕获、自由基级联反应等降解增效策略，调控了树脂对于 γ 射线辐照的响应速度。通过加入了自由基捕捉剂 THQ，抑制 γ 射线诱导产生的自由基的重组，使得完全降解剂量降低了 25%。在树脂的结构里引入易受到自由基攻击的基团（如 S—S 键），经由自由基的协同级联反应，使完全降解剂量减少 75%，效果十分显著。在移除复合材料中的树脂后，可实现碳纤维的无损回收，性能保持率大于 98%。

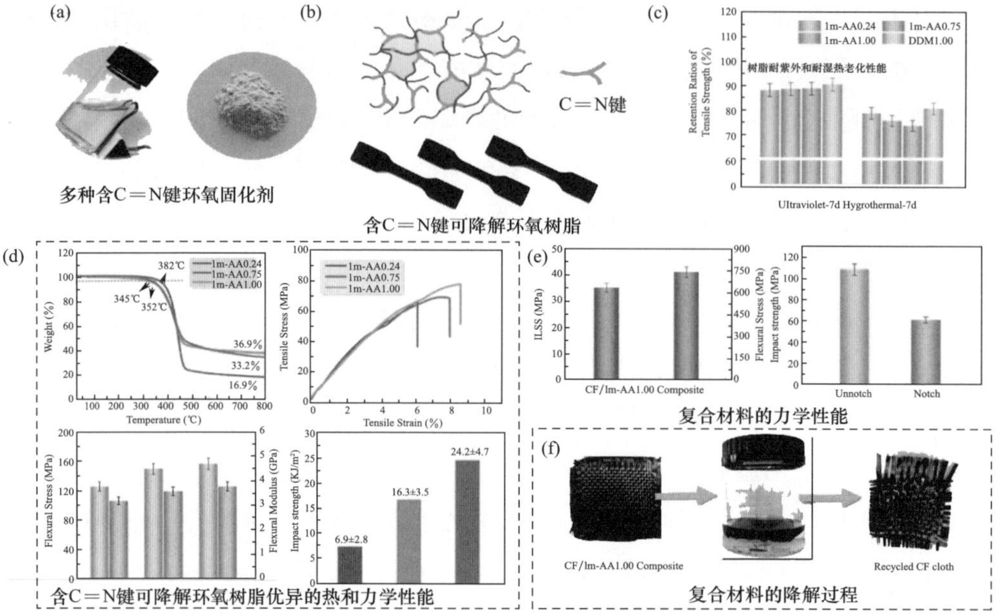

图 9-51　C═N 可降解环氧树脂研究

(a) 含 C═N 键环氧树脂胺类固化剂的数码照片；(b) 含 C═N 键可降解环氧树脂固化物数码照片；(c) 树脂耐紫外光和耐湿热老化性能评价；(d) 树脂耐热性和力学性能评价；(e) 复合材料力学性能评价；(f) 复合材料降解过程数码照片

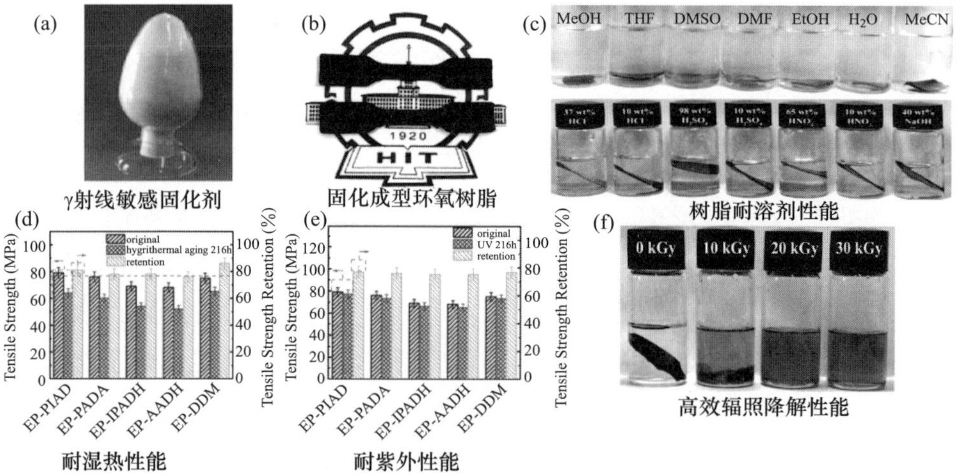

图 9-52　γ 射线敏感基团设计策略

(a)γ 射线敏感环氧树脂固化剂的数码照片；(b)γ 射线降解环氧树脂固化物数码照片；(c) 树脂耐溶剂、酸碱性能试验照片；(d) 树脂耐湿热性能评价；(e) 树脂耐紫光外性能评价；(f) 复合自由基捕获剂树脂的 γ 射线辐照降解过程数码照片为保证高分子材料的可持续发展以及我国“双碳”目标的实现，热固性树脂基复合材料的回收利用将成为现在乃至未来高分子领域的研究重点。然而不同于小分子化学反应，热固性树脂尤其是环氧树脂的化学回收过程除化学键的断裂外，还与材料组成和聚集态结构紧密相关。热固性树脂基复合材料的化学升级回收应以应用为导向，发展基于降解与重构为基础的新原理与新方法，丰富现有高分子材料回收理论体系，努力做到过程的绿色环保，最大限度地减少升级回收所需的能耗，提高回收产品的替代潜力及市场接受度，以匹配废弃热固性树脂基复合材料的巨大体量。

国家授权发明专利：

（1）胡桢，许宁觋，黄玉东．一种可 γ 射线辐照降解的热固性环氧树脂的制备及降解方法 .ZL202110908914.8［P］. 2021-10-22.

（2）胡桢，许宁觋，黄玉东．一种可降解亚胺类环氧树脂固化剂及其制备方法和应用 . ZL201910549009.0［P］.2019-09-10.

9.10　酯交换催化活化技术的优劣

浙江大学　江永波

溶剂分解法多采用一种或多种溶剂在加热条件下解聚复合材制中的聚合物从而回收价值更高的碳纤维，也有在溶剂中添加催化剂来催化降解。溶剂解离法还包括水解法、酸解法、氢化降解法、醇解法等不同工艺。较为成功的是英国诺丁汉大学开发的超临界丙醇工艺。此工艺回收的碳纤维质量接近新碳纤维，但该工艺需要在高压的环境下进行，条件苛刻、成本高，目前尚未实现产业化。

源头设计是在热固性树脂中引入动态化学键或在复合材料成型前加入酯交换催化剂等通过光、热、辐照等外界条件刺激，实现动态化学键的断裂和重组，从而使热固性树脂具有再成型、自愈合的能力。这类回收方法对于树脂的选择有局限性，成型的条件也比较苛刻，同时使用环境受到触发条件的限制。但从长远角度来看是回收热固性树脂及其复合材料的最佳选择。

酯交换催化活化再生技术优点：此技术不同以往利用化学降解将复合材料中

高分子完全分解成小分子，而是将其中聚合物中的酯键在酯交换催化剂的作用下，其交联结构在外力作用下被水、小分子醇或小分子酸打断，使网络结构表面部分降解成线性高分子，使其具备一定的热加工性能，以提高废料的再生利用附加值。其一，此技术的价值在于其适用所有含有酯键的交联复合材料体系，包括环氧树脂、聚氨酯树脂及不饱和聚酯等复合材料常用体系；改性后能使惰性再生颗粒表面具备热黏结性能及加工性，能在后期运用中代替部分胶黏剂的用量，同时其未改性的刚性内部结构具备骨架作用，使其在制备如透气材料、粉末涂料等领域具有特殊作用。其二，多余的药剂能够回收，除催化剂外工艺环保、助剂成本较低。其三，此工艺能达到对回收料的 100% 利用。其四，可在再生粒子表面改性时，通过打开酯键时植入活性基团，可作为加工的二次交联点。其五，具有粉体高速搅拌活化技术和液体高剪切活化技术两种技术路径，可根据材料情况选择。

缺点。其一，热固性树脂基纤维增强复合材料的回收利用的痛点是热固性树脂稳定的化学性质和增强纤维的强度有效的结合，使得废料破碎难、精细粉碎更难，以锰钢刀头的气流粉碎机为例，连续工作六七个工作日后，刀头磨损后剪切精粉效率明显下降；且设备在粉碎过程中发热明显（摩擦热），使得回收料刚性下降，处于橡胶态，增加了粉碎难度。其二，回收的树脂溶胀难（耐溶剂性胺基固化环氧树脂优于酸酐固化环氧优于不饱和聚酯树脂优于聚氨酯树脂），而进行酯交换催化改性时，药剂（催化剂）的侵入深度与活化效能成正比关系，药剂的入侵深度与聚合物溶胀深度成正比，因此基于环保性、安全性、成本因素（溶剂成本高、溶剂溶胀周期长）的考虑，采用将回收料磨得更细小以提高药剂接触面积的方法来促进催化活化效果，如此增加了回收的成本及设备要求。其三，高效催化剂的价格昂贵（如酯交换催化剂 TBD）。其四，终端应用如粉末涂料、透气膜的价值较高的应用时，用量小（20% ～ 30%）。

展望。如果能解决复合材料中热固性树脂的高效快速溶胀问题，对于酯交换催化技术、化学降解技术或者“液体分子剪”再生技术都将是突破性发展，因为只有满足高效率溶胀热固性高分子材料，其分子间隙可以通过制孔、渗透、挤压等手段将药剂作用于分子链的特定节点上达到化学改性及解交联的目的，从而使得热固性复合材料在特定触发条件下可作为热塑性材料回收，最终使得回收多样化，可做到长纤维高强度回收、可分层剥离回收、可热压变形回收、可再生成预浸料式产品来回收等。

在国家政策驱动下，热固性树脂基复合材料的再生利用越来越受到重视，工艺环保高效、产品附加值高、终端应用广泛、绿色闭循环等理念将成为发展方向。同时，为实现热固性复合材料的系统化、精细化、高值化利用，还需要建立新的升级回收理念，针对不同的树脂体系开发不同的工艺、药剂体系及终端应用方向。如何在保证回收过程绿色高效的前提下，实现材料各组分的全回收和高值利用是制约产业发展的难题。虽然，目前人们已在热固性复合材料的回收技术方面进行了一些有益探索，但要真正解决废旧复合材料导致的环境及资源问题，仍需要各行各业的人才携手合作、共开大局。

9.11 废弃风电热固树脂复合材料化学降解资源化利用

中国科学院山西煤炭化学研究所　贾时宇、侯相林

风能是最有前途的清洁能源来源之一，可以缓解燃烧化石燃料造成的进一步全球变暖问题。近二十年来，全球风能产业发展迅速，然而，风能的广泛使用导致大量退役风电热固树脂复合材料的积累，如风电叶片、机舱罩等，这已成为一个影响风电行业可持续发展的主要问题。预计在 2025 年我国将会面临第一批陆地风电叶片报废周期，大概每年会有数十万吨报废的风电叶片需要进行处理。服役到期的风电叶片高效、绿色、经济地处理，对我国风电行业的可持续发展具有重要的意义。

目前，大多数叶片由玻璃纤维增强的树脂复合材料组成，树脂通常是胺固化环氧树脂或不饱和聚酯树脂（L&M 叶片材料）等。固化过程中树脂和玻璃纤维表面发生交联而使复合材料质量轻、具有三维网状交联结构，使得复合材料具有高抗疲劳性和机械强度、物理化学性能稳定，但带来的问题是废弃复合材料分离回收再利用极其困难，它们的固废处理非常具有挑战性，如不能得到妥善处理，势必影响风电产业的可持续发展。

传统热固树脂增强纤维复合材料的回收方法包括机械回收和高温热解。机械回收方法是将复合材料通过物理粉碎，与其他树脂、粉末混合后挤压制成板材，

该方法碳纤维、玻璃纤维被破坏，产品附加值低，而且无法从根本上解决热固性树脂复合材料的回收问题。高温热解方法是通过高温将树脂中的化学键无规断裂，将复合材料置于 450℃以上的高温环境下进行热解，热解后，复合材料中纤维可进行回收再利用，纤维强度达到原纤维的 85% 左右；树脂分解成小分子的热解气、热解油等有机燃料用于系统供热。但是该方法能耗高、产品附加值低并且有小分子污染物排放，污染环境。化学回收方法是使用化学解聚将热固树脂复合材料制成可回收材料，可以将废旧风电叶片中的无机纤维以及树脂同时进行资源化再利用，化学回收法是具有良好开发前景的一种回收手段。

中国科学院山西煤炭化学研究所利用在前期超临界相降解热固树脂复合材料的基础上引入均相催化剂，可显著降低热固树脂化学降解反应的温度及压力，通过催化剂与反应溶剂的适配，可以选择性打开系列热固高分子材料中的 C—N 键（图 9-53）、芳香酯键、酰胺键、醚键、脲键和氨基甲酸酯键等特定化学键，高效降解回收环氧树脂复合材料、不饱和聚酯树脂复合材料、密胺树脂、乙烯基树脂等热固高分子材料。由于解聚过程是通过选择性打开热固高分子废弃物的特定化学键实现的，因此降解生成的小分子化合物或热塑性高分子材料结构明确，其中一部分降解物可以得到聚合单体重新用于树脂合成，另一部分降解为热塑、可溶的线性高分子材料如 SAM 树脂、SMAA 树脂等，可直接用于油墨涂料改性，基本保留了合成树脂前原料的附加值，并且降解过程条件适中，不产生“三废”，实现了废弃热固树脂资源的高效利用，对我国的资源结构的调整和能源安全等都具有重要的意义。

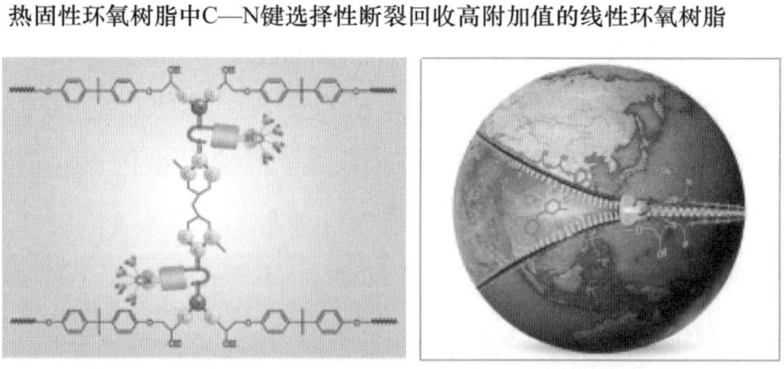

图 9–53　选择性断裂热固环氧树脂中的 C—N 键

风电本是一个可持续发展的产业，然而，风电叶片在生产加工过程中会产生大量边角料和残次品，或者达到生命周期后形成大量叶片废弃物，不仅危害环境，也造成了资源的损失。将废旧风电叶片或碳梁中环氧树脂化学解聚，不但可以解决风电产业发展带来的固废处置问题，而且具有可观的经济效益。从风电机组服役年限来看，到 2025 年前后，我国将迎来一大波风电系统报废潮。到 2030 年,我国将有超过 3 万台风电机组面临换新,而到 2035 年这一数字将超过 9 万台。山西煤化所瞄准废弃热固性树脂开发利用方向，提出选择性断键降解回收热固性环氧树脂的新思路，并利用配位不饱和或弱配位的金属离子选择性地断裂树脂碳氮化学键，或通过均相碱催化实现酸酐固化环氧树脂酯键的选择性断裂，可实现废弃风电叶片（及碳梁）高效降解和全成分回收。

1. 废弃风电叶片可控降解和全成分回收

环氧树脂（Epoxy Resin，简称 EP）是指分子中含有两个或两个以上环氧官能团的一类有机高分子化合物，以脂肪族、脂环族或芳香族链段为主链，这些主链通过交联剂（主要是胺类或酸酐类化合物）交联，形成三维网络结构的热固性高分子材料。环氧树脂具有优异的黏结、防腐蚀、成型性和热稳定性等性能，在力学、耐热、绝缘和耐化学腐蚀等方面性能非常优异。由于这些优异的性能，它可以作为涂料、胶黏剂和成型材料，并在电器、电子、机械、建筑及文体用品等领域中得到了广泛的应用。特别是与碳纤维复合，得到的复合材料具有高强度、低密度等特点，是目前航空、航天和环保型汽车的必用材料。

胺固化环氧树脂是目前废弃的风电叶片中的主要树脂材料，它与 70% 左右的玻璃纤维复合构成了风电叶片的主体结构，也是风电叶片回收利用过程中的主要难题。目前废弃风电叶片以水泥窑协同处置或电厂燃烧利用为主要手段，仅仅是利用了树脂的热能。也有部分通过物理切割制作公园护栏、包装箱等，但这也仅仅是延缓了其处置时间，没有解决根本问题。

山西煤化所树脂定向解聚团队利用水相体系配位不饱和的金属离子催化胺固化环氧树脂中的 C—N 键选择性断裂，而保持 C—C 和 C—O 的稳定，将环氧树脂降解成含双酚 A 缩水甘油醚结构的低聚物。降解产物与反应体系不相容，可通过离心过滤等简单操作实现降解体系与复合材料降解产物的分离，降解体系可实现循环利用。降解树脂通过特定的化学溶剂萃取实现与玻纤的分离（图 9-54）。降解产物含有氨基及羟基等活性基团，可与异氰酸酯反应重新合成热固树脂材料，也可以作为沥青调节剂用于道路交通领域。该技术不仅可以处置风电资源循环领域的废弃风电叶片，对于风电循环利用过程中出现的废弃环氧树脂电子线路板也具有适用性。

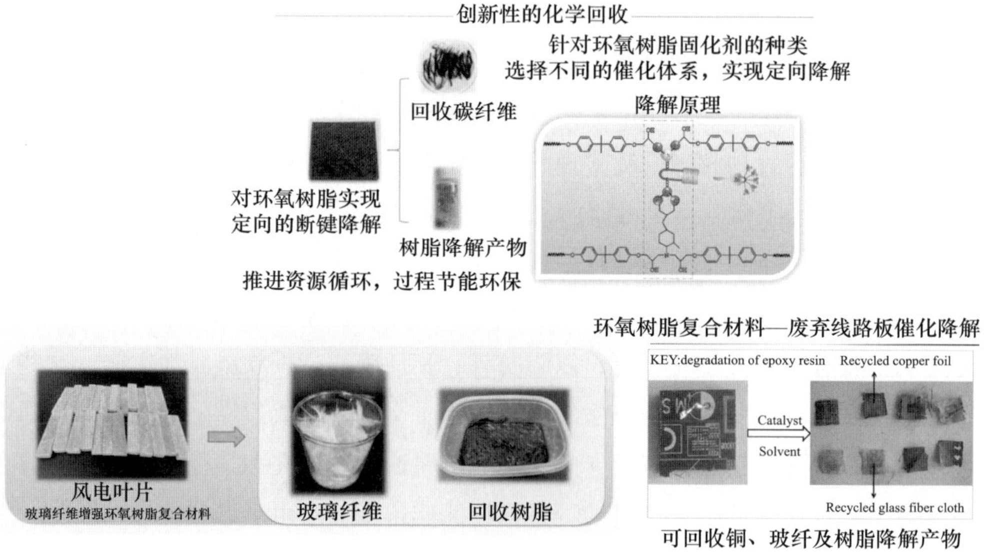

图 9–54　胺固化环氧树脂复合材料降解

随着陆上风电电场的建设饱和及“双碳”目标对风电、光伏等新能源需求的增长，海上风电的发展迎来了井喷。海上风电叶片长度大多超过 100m，对材料的力学性能提出了更高的要求。这也直接导致碳纤维增强环氧树脂材料在叶片中的大量使用，也使得一直举步维艰的碳纤维产业在 2021 年迎来了曙光。酸酐固化环氧树脂是制备拉挤成型碳板的主要树脂，而碳板是构成海上风电叶片碳梁的骨架材料，因此酸酐固化环氧树脂的化学回收也提上了议事日程。山西煤化所科研团队通过均相碱催化化学解聚酸酐固化环氧树脂复合材料，实现了酸酐固化环氧树脂中酯键的选择性断裂，可以得到双酚 A 缩水甘油醚及甲基四氢邻苯二甲酸，降解产物缩水甘油醚可与异氰酸酯固化合成新的聚氨酯材料，甲基四氢邻苯二甲酸可经处理重新用于新的环氧树脂制备（图 9-55）。

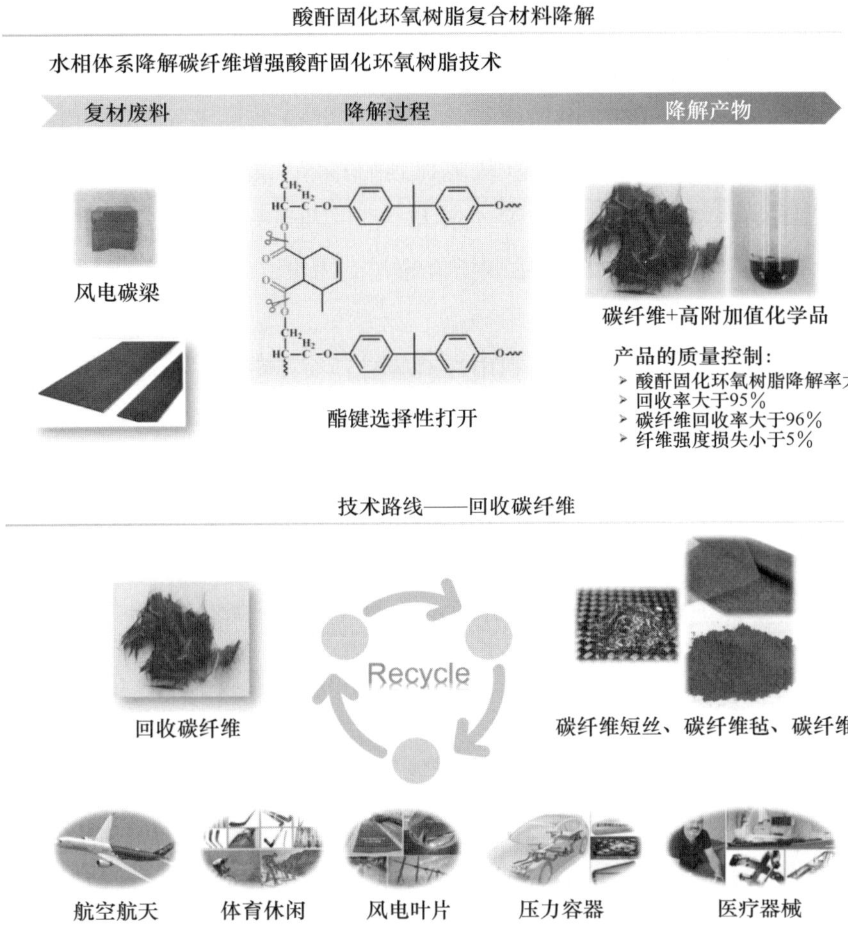

图 9–55 酸酐固化环氧树脂复合材料降解及循环利用

2. 废弃风电机舱罩（不饱和聚酯树脂）的高效降解

不饱和聚酯树脂是指具有不饱和键的聚酯高分子与交联单体（如苯乙烯）交联生成立体网状结构的不溶不熔性材料。通用的不饱和聚酯树脂由丙二醇、邻苯二甲酸酐、顺酐的缩聚物与苯乙烯混合后，在加热和催化剂的作用下，形成的具有三维网络结构的体型大分子。2021 年全球不饱和聚酯树脂市场规模预计为 96 亿美元，到 2026 年将达到 129 亿美元，主要得益于建筑工程、交通运输、管道储罐、风能电力等行业的发展。不饱和聚酯树脂与玻璃纤维制成的复合材料称为玻璃钢，在我国有每年有 300 万 t 的生产量，其废弃物的处理日益成为行业的社会性问题。

山西煤化所科研团队开发的酸催化、碱催化及微波常压降解系列技术均可以选择性地打开热固不饱和树脂分子结构中的酯键，将不饱和聚酯树脂降解生成邻苯二甲酸、丙二醇和苯乙烯 - 顺酐共聚物（SMA），开发了系列产物的分离提纯工艺，可以将得到的产物提纯精制。降解得到的邻苯二甲酸和二元醇可循环利用于不饱和树脂的合成,而 SMA 是典型的亲水亲油的两亲高分子,广泛应用于油墨、涂料、塑料改性等领域，每 1t 产品市场价超过 2 万元，不饱和树脂化学解聚产物具有重要的经济价值。

风电回收领域金属材料的循环利用相对容易，对于高分子树脂基复合材料领域，除了大规模应用的风电叶片，另外就是风机的机舱罩了。机舱罩一般采用玻璃纤维增强不饱和树脂复合材料，通常机舱罩的质量在 4 ～ 8t，回收其中的不饱和树脂得到 SMA 树脂和邻苯二甲酸及二元醇也具有重要意义（图 9-56）。

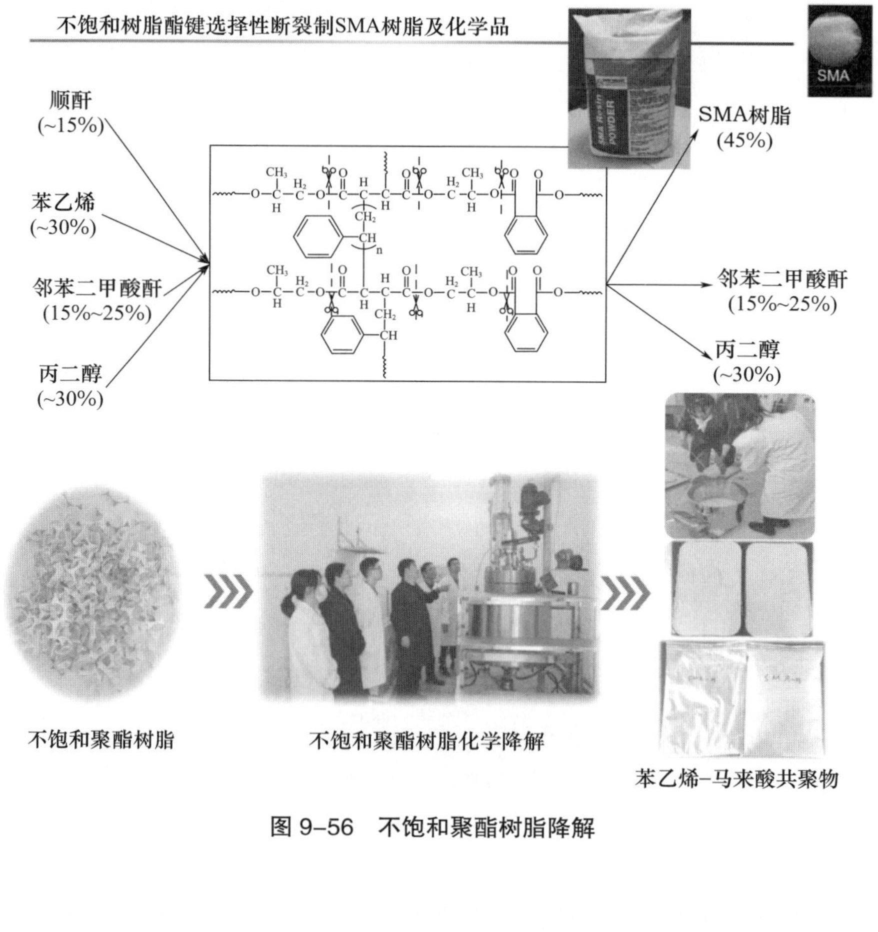

图 9–56　不饱和聚酯树脂降解

复合材料的回收再利用技术必将朝着绿色环保和低能耗的方向发展，回收产物需要高价值地再利用以满足可持续发展的要求，因此根据复合材料的特性开发出低成本、绿色环保的废弃热固树脂复合材料的高值化利用技术具有重要的意义。

3. 废弃风电热固树脂化学解聚工业设备要求

化学回收法处理废弃风电叶片的过程一般包括废弃叶片的切割、降解反应、催化剂的循环利用、产物的分离与纯化、溶剂的回收与循环利用等过程，得到再生树脂与再生纤维等产品，根据拟定用途进行分析、评测，得到方便利用的树脂及纤维产品。根据上述工艺过程，需要用到的工业设备有用于将风电叶片进行切割成用以降解的合适尺寸的切割机；用于完成风电叶片废弃物降解反应的催化剂配料罐、降解反应器等；用于处理降解产物、催化体系及溶剂的循环利用用到的溶剂中间罐、储罐、蒸馏釜、冷凝器、溶剂泵、运输设备、倒料泵、烘箱、离心机以及产物包装等设备。各工业设备的规格需根据废弃风电叶片降解工业生产规模的大小进行相应的参数匹配。

4. 废弃风电热固树脂降解产物再利用

将退役风电叶片、报废玻璃纤维复合材料、碳纤维复合材料经过化学降解分离得到的回收产物有再生玻璃纤维、再生碳纤维及再生树脂。无论是回收纤维还是其他回收产物，回收的目的都是再利用。不同的回收方法可以获得具有不同特性的再生纤维或其他回收产物，其再利用方式也有所不同。

热固树脂增强纤维复合材料经过催化降解得到的再生增强纤维强度基本得到保留，再生纤维表面基本光滑洁净，方便进一步的回收和利用；而充分降解的再生树脂的基本化学结构还得以保留，有利于其进一步的高值化利用，再生纤维、再生树脂等再生产物具有很高的附加值，以下根据再生产物的特性阐述相关的再利用情况。

（1）再生玻璃纤维的循环利用

玻璃纤维等回收产物可以被制成新的结构或功能复合材料，比如再生纤维与岩石和填料混合制备井盖；将再生玻璃纤维加入水泥，生产水泥构件，增加强度和抗裂性能；此外，还可用于其他建筑材料，如混凝土、聚合物砂浆等。通过补充再生玻璃纤维中 CaO、MgO 等成分生产玻璃纤维棉；通过补充石英砂和纯碱的方法以及适当的工艺控制用以生产压花玻璃；玻璃纤维基本成分都是陶瓷釉料需要的成分，充分利用玻璃纤维的有用成分生产陶瓷釉料可以大大降低釉料的生产成本。

（2）再生碳纤维的循环利用

再生碳纤维可以通过制备成碳纤维短丝、碳纤维毡、碳纤维粉等形式进行循环再利用。碳纤维在土木建筑领域可以发挥其优势性能。碳纤维可以提高水泥制品的拉伸强度、弯曲强度和抗冲击强度，可以提高混凝土的抗裂、防渗、耐温差、耐磨等性能。碳纤维增强木材是一种新型结构材料，普通木材、胶合木材都可以使用碳纤维进行增强。碳纤维的加入使木材的拉伸强度、防火防腐性能大大提高，使其应用领域更为广泛。碳纤维片材也可以加固或修复桥梁及建筑物。碳纤维短丝经过卷轴和织物的包裹后缝合成半成品材料，这些半成品的碳纤维材料最终可加工成工程汽车的各种部件，价值翻无数倍；碳纤维及其复合材料具有密度小、质量轻、强度高、耐腐蚀、热膨胀系数小、安全性好等优点，是实现汽车轻量化的最佳材料。碳纤维材质制作的高端球拍舒适度高、不易变形、有良好的刚度和弹性，能满足弯曲强度的要求。

（3）再生树脂的循环利用

纤维增强热固环氧树脂是目前废弃的风电叶片中主要树脂材料，故风电叶片定向降解回收的树脂主要为环氧树脂，环氧树脂具有优良的物理机械和电绝缘性能、与各种材料的黏结性能以及其使用工艺的灵活性，因此它可以被制成涂料、浇铸料、胶黏剂、模压材料和注射成型材料；此外，还可以使树脂基体降解生产聚合单体或用于化工石油行业的原料，故再生环氧树脂在国民经济的许多领域具有广泛的应用。

复合材料的回收再利用可将风电叶片废弃物百分之百回收利用，回收过程中不会对环境产生二次污染，有助于整个工业进程的可持续发展，该新型可回收树脂基复合材料技术的成功研制且批量化生产，对风电行业的可持续发展具有很大的意义，这也意味着未来我们可以开发出更多碳足迹较低的产品并将其广泛应用各领域具有广泛的应用。

5. 废弃复合材料化学解聚预期社会效益与经济效益

复合材料的回收与再利用技术必将朝着绿色环保和低能耗的方向发展，回收产物需要高价值地再利用，以满足可持续发展的要求。废弃风电叶片复合材料按70% 纤维和 30% 环氧树脂算，成本按复合材料废弃物 2000 元 /t（包括降解成本及人工、设备折旧等费用），1t 废弃物可回收 700kg 纤维、300kg 环氧树脂。回收玻璃纤维按 3000 元 /t，回收碳纤维按 50000 元 /t，回收环氧树脂按 3000 元 /t，处理 1t 玻璃纤维 / 环氧树脂复合材料废弃物可以获利大约 4000 元，处理 1t 碳纤维 / 环氧树脂复合材料废弃物可以获利大约 3.5 万元。预计 2025 年后，全国风电叶片回收的市场在数十亿元的规模，若将优势化学降解方案得以工业化成功，实现工业示范生产线建设，预计年产值可达 1 亿元。因此，服役到期的风电叶片的高效资源化循环处理关系到风电产业的可持续发展，目前已经被认为是相关行业和企业急需面对的难点和痛点。

降低成本是这个行业成败的关键，如果能采取绿色、经济、高效的技术，将每年生成的大量废弃风电叶片进行资源化再利用，实现纤维增强热固树脂复合材料产业链形成“纤维制备—复合材料生产—纤维树脂废弃物回收再利用”闭合回路，节能、经济，实现纤维产业链的可持续循环发展，契合国家关于资源、能源、环境以及“双碳”目标等方面的政策法规要求，不但可以解决未来风电产业固废带来的环境和生态问题，而且对于相关企业也具有重要的经济意义。

废弃风电热固树脂复合材料化学回收再利用既解决了企业与行业后顾之忧，又契合国家关于资源、能源、环境以及“双碳”目标等方面的政策法规要求，具有明显的产业化应用前景。

9.12　早强环保 GFRP 粉末地聚物混凝土性能与多尺度设计理论

南京工业大学　王俊

目前玻璃纤维增强聚合物（GFRP）复合材料已广泛应用于各个行业，但 GFRP 废料的处理成为一个重要问题。地聚物作为环境友好和可持续的建筑材料显示出巨大的潜力，可替代水泥，从而减少水泥生产中的 CO_2 排放。磨粒高炉矿渣是钢铁工业的常见副产品，而矿渣单独作为地聚物的前驱物会导致闪凝和微裂纹。本研究评估了用回收 GFRP 粉末部分替代矿渣以改善地聚物的物理力学性能。结果表明，用 20% 的回收 GFRP 粉末替代矿渣的地聚物，1d 抗压强度可达到 28d 抗压强度的 60% 以上，符合《修补砂浆》（JC/T 2381—2016）中 6h 抗压强度大于 15MPa，1d 抗压强度大于 20MPa 的要求。同时该砂浆的延性相较于水泥砂浆提高了 45%，相较于不含 GFRP 粉末的矿渣地聚物提高了 55%，掺入回收 GFRP 粉末可以显著改善矿渣基地聚物的脆性。因此，回收 GFRP 粉末 / 矿渣基地聚物是一种很有潜力的早强修复材料，适用于混凝土结构内部破损的快速修复，如水泥路面坑洞处治，桥面坑洞处治，桥面伸缩缝的修补等（图 9-57）。

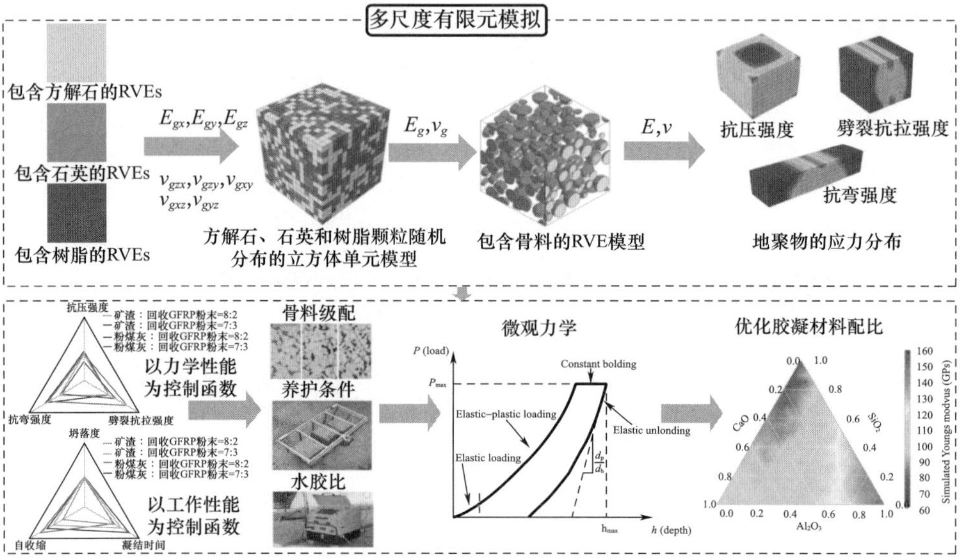

图 9–57 回收 GFRP 粉末地聚物混凝土多尺度仿真与设计理论

在试验研究基础上，基于微观力学和多尺度有限元仿真结果，建立主要反应产物和未反应物质类型和含量对胶凝材料力学性能影响规律，并厘清地聚物混凝土宏观力学性能随微观结构和物相的演化规律。在此基础上，以力学性能为目标函数，以工作性能为控制函数，对骨料级配、养护条件和微观力学参数进行优化，然后以微观力学性能为目标，对物相组成和分布进行优化，进而对胶凝材料配比进行优化，以获得满足设计要求的物相。

面向堤防工程防渗快速修复的回收 GFRP 粉末地聚物固化土机理与应用。为提高堤防整体稳定性能，常采用水泥等胶凝材料固化地基土提高堤防的承载力与防御能力。但传统固化材料生产过程中能耗过大、碳排放量高，对环境造成巨大负担。本研究提出回收 GFRP 粉末 / 矿渣地聚物固化黏土，可实现快速固化土壤，替代传统的水泥土，减少水泥生产中的 CO_2 排放。研究结果表明，用 15% 的回收 GFRP 粉末和矿渣替代黏土，7d 地聚物固化土的无侧限抗压强度比为 1.6，高出《土壤固化外加剂》（CJ/T 486—2015）7d 无侧限抗压强度比规范的 30%。微观观测表明，回收 GFRP 粉末 / 矿渣地聚物反应生成的无定型水化硅酸钙和水化铝酸钙凝胶填充了土内部的孔隙、增强了土颗粒间的胶结力，使整体结构趋于完整，是地聚物固化土强度提升的主要原因。因此，回收 GFRP 粉末 / 矿渣基地聚物作为土壤固化剂，除了用于堤防加固外，还可运用于各种建筑物的地基处理、地质灾害防治、水利水电工程防渗堵漏、油田灌浆、沼气池等领域。

基于试验段地聚物固化土渗透系数等指标的监测和模拟，地聚物固化黏土渗透系数随初始用水量增加呈非线性递增，随掺量增加和养护龄期发展呈先快后慢减小变化；当块石含量为 30% 时，地聚物固化土稳定粗粒填料抗渗性能最佳；粗粒填料渗透系数随回收 GFRP 粉末和矿渣掺量增加呈非线性下降，当块石含量较小时，偏渗透系数几乎不受粒径影响（图 9-58）；地聚物固化黏土渗流特性符合达西定律。

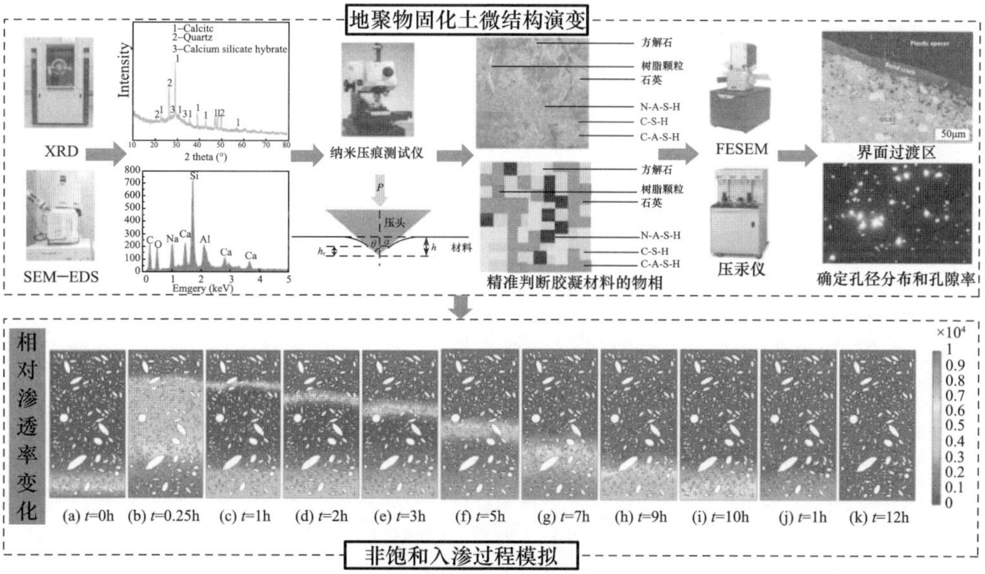

图 9–58 地聚物固化黏土微结构演变和入渗模拟

发表相关论文：

（1）WANG J，ZHENG C，MO L，et al. Assessment of recycling use of GFRP powder as replacement of fly ash in geopolymer paste and concrete at ambient and high temperatures. Ceramics International，2022，48，14076-14090.

（2）ZHENG C，WANG J，LIU H，et al. Characteristics and microstructures of the GFRP waste powder/GGBS-based geopolymer paste and concrete. Reviews on Advanced Materials Science 2022，61：117-137.

授权国家发明专利

（1）王俊，刘恒娟，王毅 . 一种回收 FRP 粉末地聚物混凝土制备方法，专利申请号 ZL202010625749.0（2022 年 4 月 26 日授权）

（2）王俊，郑楚继 . 一种回收 GFRP 粉末与矿渣基地聚物胶凝材料及制备方法，专利申请号 202210093077.2（2022 年 11 月 28 日授权）

获批科研项目

（1）国家自然科学基金面上项目，基于回收 GFRP 粉末的地聚物混凝土微结构形成机理与多尺度设计理论，批准号：52278261。

（2）2022 年江苏省水利科技项目，面向堤防防渗加固的回收 GFRP 粉末地聚物固结材料设计与性能研究。

纤维复合材料循环利用
风力发电叶片回收技术推广
及产业发展模式研讨会

华纳科技
WARNER

推动风能产业发展
创造绿色环保时代

COMPANY
INTRODUCTION 公司介绍

江苏华纳环保科技有限公司成立于2010年，位于江苏省“环保之乡”宜兴市，是一家集研发设计、生产制造、销售于一体的大型民营企业，覆盖风力发电、资源回收、环保处理、轨道交通等多个领域。近年来，公司在风电叶片、机舱罩、轮毂罩等废旧玻璃钢制品回收处理与应用方面进行了深入的探索研究，主要采用机械粉碎法，对废旧玻璃钢制品进行切割-破碎-分选-研磨制粉-添加应用等工序处理，可将玻璃钢固废完全回收，并将回收材料高价值应用，实现固废的资源化利用。在回收处理过程中产生的粉尘通过环保除尘处理，确保粉尘治理系统的收集率和处理率均达到99.5%，达标排放，不造成二次环境污染。

目前已应用于上海电气、株洲时代新材、浙江运达、金风科技等重点客户十多个项目，有效解决固废回收处置难、应用难的问题，并且在环保的条件下极大程度地满足了经济性的要求，能够实现大规模化回收处置，具有很大的市场前景，推广性较高。

回收设备

现场切割

工厂破碎

磨粉制粉

综合应用及产业化

序号	日期	目录名
1	2019年11月	建筑隔墙用工业副产石膏条板技术规程
2	2019年11月	建筑隔墙用工业副产石膏条板标准
3	2021年4月	纤维复合材料固体废物分类管理指南
4	2021年8月	废弃纤维复合材料回收技术规范
5	2022年3月	风力发电机用复合材料回收技术规范

● 作为主要标准起草方参与行业标准编制。

专利成果 已完成73件国家专利申报

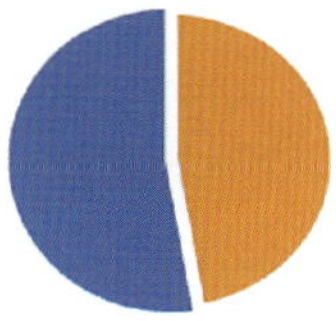

■ 39项发明专利
■ 34项实用新型专利

已获得2项发明和18项实用新型专利授权

后端用途

BACKEND USE

后端应用01 回用纤维石膏内墙板

后端应用02 回用粉末蒸压加气混凝土砌块

后端应用03 回用PVC保温砂浆

后端应用04 回用抗裂纤维抹灰水泥石膏